高职高专机电类专业系列教材

工 程 力 学

主　编　赵永刚　耿小芳
副主编　伊文静　贾　鑫
参　编　闫俊英　王姗姗
主　审　祁建中

机械工业出版社

本书是根据教育部对高等职业技术人才培养目标和人才素质，以及对高等职业技术教育"工程力学"课程教学的基本要求，结合当前高职高专办学实际情况和编者多年教学及教改实践经验编写而成的。本书既注重力学基本概念、基本方法和基本原理的理解和掌握，也注重理论在工程实际中的应用，以利于培养学生分析问题和解决问题的能力。

全书分为上、下两篇，除绪论外共 12 章。上篇理论力学部分，包括静力学基础、平面力系的合成、平面力系的平衡方程及其应用、空间力系的平衡问题及其重心；下篇材料力学部分，包括材料力学的概述、轴向拉伸或压缩、剪切和挤压、圆轴扭转、弯曲、组合变形、压杆稳定性问题、动荷应力与交变应力。

本书可作为高职高专院校机械类和近机械类各专业"工程力学"课程的教材，也可供有关专业的师生和工程技术人员参考。

为方便教学，本书配备电子课件等教学资源。凡选用本书作为教材的教师均可登录机械工业出版社教育服务网 www.cmpedu.com 注册后免费下载。如有问题请致信 cmpgaozhi@ sina.com，或致电 010-88379375 联系营销人员。

图书在版编目（CIP）数据

工程力学/赵永刚，耿小芳主编. —北京：机械工业出版社，2019.2
（2020.8 重印）
高职高专机电类专业系列教材
ISBN 978-7-111-61598-9

Ⅰ.①工… Ⅱ.①赵… ②耿… Ⅲ.①工程力学-高等职业教育-教材
Ⅳ.①TB12

中国版本图书馆 CIP 数据核字（2019）第 029212 号

机械工业出版社（北京市百万庄大街 22 号 邮政编码 100037）
策划编辑：王海峰 张艳丰 责任编辑：王海峰 李 乐
责任校对：肖 琳   封面设计：鞠 杨
责任印制：常天培
唐山三艺印务有限公司印刷
2020 年 8 月第 1 版第 3 次印刷
184mm×260mm · 11 印张 · 267 千字
标准书号：ISBN 978-7-111-61598-9
定价：29.00 元

电话服务   网络服务
客服电话：010-88361066   机 工 官 网：www.cmpbook.com
        010-88379833   机 工 官 博：weibo.com/cmp1952
        010-68326294   金 书 网：www.golden-book.com
封底无防伪标均为盗版   机工教育服务网：www.cmpedu.com

前　言

《中国制造 2025》第一次从国家战略层面描绘建设制造强国的宏伟蓝图，并把人才作为建设制造强国的根本，对人才发展提出了新的更高要求。提高制造业创新能力，迫切要求更多复合型人才进入新业态、新领域。

本书按照《国家职业教育改革实施方案》，以促进就业和适应产业发展需求为导向，秉承"动手动脑，全面发展"的教学理念，组织从事多年教学和生产实践工作的一线教师，结合当前高职高专办学实际情况，以"理念先进，注重实践，操作性强，学以致用"为原则编写而成。本书适用于高职高专院校机械类和近机械类专业师生。

本书编写突出以下特点：

1）结构清晰。每章前面均加入知识导航，旨在让学生在学习本章知识之前明确学习目的，把握知识点，做到有的放矢。

2）知识体系完整。在满足教学基本要求的前提下，以应用为目的，以"必需、够用"为原则，对教学内容进行整合，使本书难易适度、篇幅适中、简明、实用。

3）突出职业教育实用性的特点。适当减少了理论和繁杂公式的推导，采取直接切入主题的方法，明确基本概念及基本方法。采用图文结合的形式，提高学生的学习兴趣，使读者易于理解和掌握。

4）技术规范和资料均采用现行的国家标准。

本书除绪论外共 12 章，分别为：静力学基础、平面力系的合成、平面力系的平衡方程及其应用、空间力系的平衡问题及其重心、材料力学的概述、轴向拉伸或压缩、剪切和挤压、圆轴扭转、弯曲、组合变形、压杆稳定性问题、动荷应力与交变应力。每章后附有章节小结、课后习题，以便学生巩固所学知识。

本书由郑州电力职业技术学院赵永刚、耿小芳任主编，赵永刚负责统稿，郑州电力职业技术学院伊文静、贾鑫任副主编，郑州电力职业技术学院闫俊英、王姗姗参加编写。具体编写分工：绪论由王姗姗编写，第 1~4 章由耿小芳编写，第 5、6 章由伊文静编写，第 7 章由贾鑫编写，第 8 章由闫俊英编写，第 9~12 章及附录由赵永刚编写。

本书由郑州电力职业技术学院祁建中教授担任主审。他为本书提出了许多宝贵意见，对保证本书的质量起了很大的作用，在此表示衷心的感谢。

由于编者水平有限，书中错误和不足之处在所难免，恳请读者提出宝贵意见和建议，以便修订时改进。

编　者

目　录

下篇 材料力学

绪　　论

0.1　理论力学的研究对象和内容

理论力学是研究物体机械运动一般规律的科学，是一般力学的范畴，其研究对象是质点、质点系、刚体和多刚体系。

物体在空间的位置随时间的改变，称为机械运动。运动是物质存在的形式，是物质的固有属性。而平衡是机械运动中的特殊情况。在客观世界中，存在着各种各样的物质运动，比如位置的变化、各种物理现象、化学现象，甚至人们的思维活动等。在各种运动形式中，机械运动是最简单、最普遍的一种。

理论力学包括静力学、运动学、动力学三部分。理论力学是其他力学学科的基础。静力学主要研究受力物体平衡时力系所应满足的条件，同时也研究物体受力的分析方法和力系简化的方法。运动学只从几何角度来研究物体的运动（如轨迹、速度等），而不研究引起物体运动的原因。动力学研究受力物体的运动和作用力之间的关系。上篇重点讨论静力学问题。

0.2　材料力学的研究对象和内容

材料力学属于固体力学的范畴，其研究对象是可变形固体。所以材料力学研究的是物体在受到力的作用时内部各质点所产生的应力、应变及破坏的规律，也就是研究物体承载能力的学科。

为了保证工程结构或机械能够正常工作，构件应有足够的能力承受载荷，因此应当满足三个要求：

（1）强度要求　　它是指构件应有足够的抵抗破坏或过大塑性变形的能力。

（2）刚度要求　　它是指构件应有足够的抵抗弹性变形的能力。

（3）稳定性要求　　它是指构件应有足够的保持其原有平衡形态的能力。

下篇重点讨论拉伸、剪切、扭转和弯曲问题。

0.3　本课程的研究方法和学习方法

研究科学的过程，就是认识客观世界的过程，任何正确的科学研究方法，一定要符合辩证唯物主义的认识论。工程力学也必须遵循这个正确的认识规律进行研究和发展。

　　首先通过观察生活和生产实践中的各种现象，进行多次的科学试验，经过分析、综合和归纳，总结出力学的最基本的规律。其次是在对事物观察和试验的基础上，经过抽象化建立力学模型，形成概念，在基本规律的基础上，经过逻辑推理和数学演绎，建立理论体系。最后将理论体系运用到实践，在解释世界、改造世界中不断得到验证和发展。所以，工程力学来源于实践，又运用于实践。

　　工程力学是一门理论性较强的技术基础课程。本书包括了静力学和材料力学两部分。其研究方法完全不一样：在静力学中研究平衡规律时，要把物体抽象为刚体；在材料力学中，用变形固体代替真实的物体。那么对于理论性较强的课程，除了课上认真听讲外，在课下还要完成一定量的习题，以巩固和加深对所学概念、理论、公式的理解、记忆和应用。

上 篇

理 论 力 学

第 1 章

静力学基础

知识导航

学习目标：掌握静力学的基本概念、静力学公理、各种约束力的画法以及物系的受力分析图。

重点：静力学公理、物系的受力分析图。

难点：物系的受力分析图。

1.1 静力学的基本概念

1.1.1 力的概念

力是物体间相互的机械作用，这种作用使物体的机械运动状态发生变化。力是矢量，力的三要素是大小、方向和作用点。力是看不见也不可直接度量的，能直接观察或度量的是力的作用效果。物体在受到力的作用后，产生的效应包括外效应和内效应。外效应称为运动效应，包括移动和转动，是属于理论力学研究的范畴。内效应称为变形效应，指物体的形状发生变化，是属于材料力学研究的范畴。

为了度量力的大小，必须选择单位，一般采用国际单位制，力的单位为 N（牛顿）或 kN（千牛）。$1kN = 10^3 N$。

力是矢量，矢量可以用一个带箭头的有向线段表示，按一定的比例画出的线段表示力的大小，箭头表示力的方向，线段的起点或终点表示力的作用点。在印刷体中，力表示矢量时用黑体字母表示，如 $\boldsymbol{F}$。力的大小是标量，用白体字母表示，如 F。手写时，在字母的上面加一带箭头的横线来表示矢量，如 $\vec{F}$。

按照力作用的范围，将力分为集中力和分布力。如果相互直接接触的物体，通过接触表面一定有力的相互作用，则这类力称为表面力，如容器壁上的液体压力等。非直接接触的物体，也可以有力的相互作用，如重力。这些力是作用在物体整个体积内的分布力，称为体积力。在本课程中，分析和研究的主要是表面力。

1.1.2 力系、刚体和平衡的概念

静力学是研究物体在力系的作用下保持平衡规律的科学。所谓力系是指作用于物体上的一群力。

如果一个力系作用于物体的效果与另一个力系作用于该物体的效果相同，则这两个力系互为等效力系。

平衡指的是物体相对于地球处于静止状态或者是匀速直线运动状态。

在静力学中所研究的物体是刚体。所谓刚体，是指在力的作用下其形状和大小均不发生变化的物体。实际上绝对的刚体是不存在的。在力的作用下任何物体都会发生变形，只是变形量的大小不同而已。但在工程实际中，许多物体的变形都很微小，在研究物体的平衡问题时可以忽略不计。因此，在静力学中常把真实的物体当作理想的刚体。可见，刚体是力学中对物体进行抽象简化后的一种理想模型。

在静力学中，我们将研究三个问题：

1. 物体的受力分析

分析物体共受几个力的作用，以及每一个力的作用位置和方向。

2. 力系的简化

如果用一个简单力系等效替换一个复杂力系，则称为力系的简化。如果某力系与一个力等效，则称此力为该力系的合力，而该力系中的各力称为合力的分力。

3. 建立各种力系的平衡条件

研究作用在物体上的各种力系所需满足的平衡条件。

1.2 静力学公理

静力学公理是从实践中总结出来的最基本的力学规律，这些规律的正确性已被实践反复证明是符合客观规律的。静力学公理是静力学全部的理论基础。

1.2.1 公理1 二力平衡公理

作用在刚体上的两个力，使刚体保持平衡的充分必要条件是：这两个力必须大小相等、方向相反，并且作用在同一条直线上，如图1-1a所示。

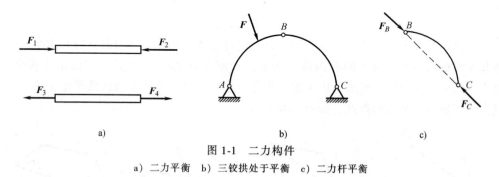

图1-1 二力构件

a）二力平衡 b）三铰拱处于平衡 c）二力杆平衡

像这种只在两端受力且不计自重的杆或构件，称为二力杆或二力构件，如图1-1b、c所示。既然只受两个力的作用，那么 BC 杆就要满足二力平衡公理。

这个公理表明了作用于刚体上最简单的力系平衡时所必须满足的条件。

1.2.2 公理2 加减平衡力系公理

该公理内容为：在刚体上原来力或者力系的基础上加上或者减去一平衡力系，并不会影响原来力或者力系对刚体的作用效果。这个公理是研究力系等效替换的重要依据。

推论 1 力的可传性

作用在刚体上的力，可以沿其作用线任意移动到刚体内任意点，并不改变该力对刚体的作用效果。在实践中，人们有这样的体会，以等量的力在车后 A 点推和在车前 B 点拉，效果是一样的，如图 1-2 所示。

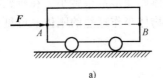 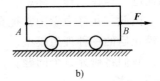

图 1-2 力的可传性

a）力在 A 点 b）力移到 B 点

力的可传性虽然不会改变力对物体作用的外效应，但会改变力对物体的内效应，所以力的可传性只适用于刚体，不适用于变形体。

推论 2 三力平衡汇交定理

作用于刚体上三个相互平衡的力，若其中两个力的作用线汇交于一点，则这三个力必在同一平面内，且第三个力的作用线通过该汇交点，如图 1-3 所示。请读者自行证明。

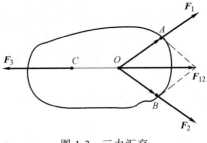

图 1-3 三力汇交

1.2.3 公理 3 力的平行四边形公理

作用在物体上同一点的两个力可以合成为一个合力，合力的大小和方向以这两个力为邻边构成的平行四边形的对角线表示，如图 1-4a 所示。或者说，合力矢等于这两个力矢的几何和，即

$$\boldsymbol{F}_1 + \boldsymbol{F}_2 = \boldsymbol{F}_R \tag{1-1}$$

也可以简化为力的三角形，即将两个分力的首尾依次相接，合力的方向和大小用第一个力的起点到最后一个力终点的有向线段表示，如图 1-4b 所示。当同一点作用于多个力时，其合力仍然可以用力的三角形法则求来，将各力依次首尾相接，合力依然是始于第一个力的起点，终于最后一个力的终点，如图 1-4c 所示。

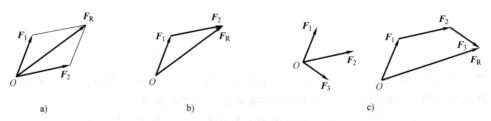

图 1-4 共点力的合成（几何法）

a）平行四边形公理 b）力的三角形法则 c）力的多边形法则

特别指出，用该公理可以把两个垂直的分力合成为一个力，如图 1-5a 所示。反过来，

也可以把一个力分解为两个相互垂直的分力，分别用 F_x 和 F_y 表示，称为力的正交分解，如图 1-5b 所示。

合力 F_R 的大小为

$$F_R = \sqrt{F_1^2 + F_2^2} \qquad (1\text{-}2)$$

分力的大小为

$$\left.\begin{array}{l} F_x = F\cos\alpha \\ F_y = F\sin\alpha \end{array}\right\} \qquad (1\text{-}3)$$

式中，α 为力 F 与 x 轴的夹角。

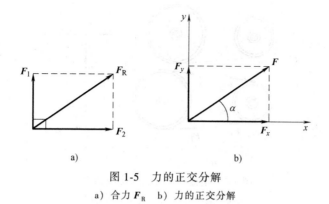

图 1-5　力的正交分解

a) 合力 F_R　b) 力的正交分解

1.2.4　公理 4　作用与反作用公理

两个相互作用的物体存在作用力和反作用力，这两个力同时存在，同时消失，且大小相等、方向相反，沿着同一条直线，分别作用在这两个物体上。

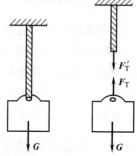

如图 1-6 所示，其中 G 和 F_T 都作用在重物上，是二力平衡。F_T 和 F_T' 分别作用在重物和绳索上，是作用力和反作用力。

这个公理概括了物体之间相互作用的关系，表明作用力和反作用力总是成对出现的。需要指出的是，作用力和反作用力分别作用在两个物体上，因此不能视作是平衡力。

图 1-6　作用力与反作用力

1.3　约束与约束力

工程中所遇到的物体通常分为两种：一种是运动不受限制的物体，称为自由体，如飞行的飞机、发射的子弹等。另一种是运动受到限制的物体，称为非自由体，如地面上的桌子、吊灯等。限制非自由体运动的物体称为约束，如铁轨对于机车，绳索对于重物，轴承对于轴等都是约束。

从力学角度看，约束对物体的作用实际上是力，这种力称为约束力。因此，约束力的方向必与该约束所能阻碍物体运动的方向相反。应用这个准则，可以确定约束力的方向或作用线的位置。至于约束力的大小则是未知的。在静力学的问题中，使物体产生运动或运动趋势的力称为主动力，如重力、风力等。约束力和主动力组成平衡力系，因此可利用平衡条件求出未知的约束力。当主动力改变时，约束力一般也发生改变，因此约束力是被动的。

下面介绍几种在工程中常见的约束类型和确定约束力方向的方法。

1.3.1 柔性约束

柔性约束是由绳索、链条或胶带等柔性体所形成的约束。这种约束只能承受拉力，不能承受压力。因此，柔性约束的约束力作用在接触点，方向沿着绳索背离物体。通常用 F_T 表示这类约束力，如图 1-7a、b、c 所示。

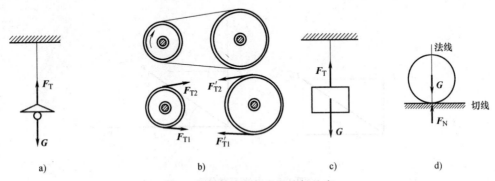

图 1-7 柔性约束和光滑接触约束
a)~c) 柔性约束 d) 光滑接触约束

1.3.2 光滑接触面约束

光滑接触面约束是指不考虑接触面间的摩擦，如支持物体的固定面、啮合齿轮的齿面等。这种约束不能限制物体沿约束表面切线的位移，只能阻碍物体沿接触面法线并向约束内部的位移。因此，光滑接触面对物体的约束力，作用点在接触处，方向沿接触面的公法线并指向受力物体。这种约束力称为法向约束力，通常用 F_N 表示，如图 1-7d 所示，对于平面图形，接触点公切线的垂线方向即为公法线方向。

1.3.3 光滑铰链约束

两个构件连接后，接触处的摩擦忽略不计，只能限制两者的相对移动，而不能限制它们的相对转动的约束类型都可以称为光滑铰链约束。例如，门铰使门只能绕着门框转动。

1. 铰链约束的结构和形式

用圆柱形销钉 C 将两个物体 A、B 连接在一起，就是圆柱形销钉连接，如图 1-8a、b 所示。由于圆柱形销钉常常用作连接两个构件并处在结构物的内部，所以也把它称为中间铰链。其力学模型如图 1-8c 所示。

这种约束类型的约束力作用线不能预先定出，但约束力作用线垂直轴线并通过铰链中心，常常用两个大小未知的正交分力 F_x 和 F_y 来表示，如图 1-8d 所示。

2. 固定铰链支座

如果把圆柱形销钉连接中有一个固定在地面或者机架上作为支座，则这种约束称为固定铰链支座，简称固定铰支。其约束力的画法和圆柱形销钉连接相同，以两个大小未知的正交

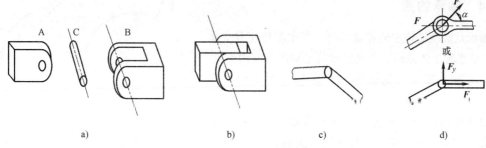

图 1-8 光滑圆柱铰链约束

a）铰链的结构　b）铰链实物　c）铰链的力学模型　d）铰链的约束力

分力 F_{Ax} 和 F_{Ay} 来表示，如图 1-9 所示。

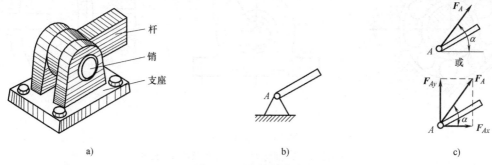

图 1-9 固定铰链支座

a）实物　b）力学模型　c）约束力

3. 可动铰链支座

在固定铰链支座的下边加装滚轮，就构成可动铰链支座，如图 1-10 所示。由其结构特点可以看出，它相当于圆柱形销钉连接和光滑接触面约束的组合，所以可动铰支座的约束力必垂直于支承面且通过铰链中心，常用 F_N 来表示。

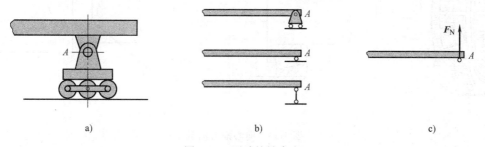

图 1-10 可动铰链支座

a）实物　b）力学模型　c）约束力

4. 二力杆

两端均为铰链约束，中间无其他力，所以这种杆件只在两端受两个力，称作二力杆。二力杆的受力应满足二力平衡公理，即两个力的作用线沿两个端点的连线，等值且反向。在作受力图时，通常先作出一端的约束力，另一端的约束力与其相反即可，如图 1-11 所示。

1.3.4 轴承约束

轴承是机械结构中的重要零件，其主要作用是支承轴，并承受轴上的载荷，此时轴承将是轴的主要约束。

（1）向心轴承 这类轴承只限制轴沿半径方向的移动。其力学模型如图 1-12 所示，约束力通常是通过轴横截面的一个平面力，方向不确定，一般也用两正交分力 F_x、F_y 表示，箭头的方向假设。

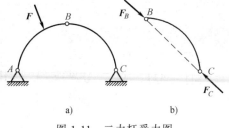

图 1-11 二力杆受力图

a）三铰拱处于平衡 b）二力杆平衡

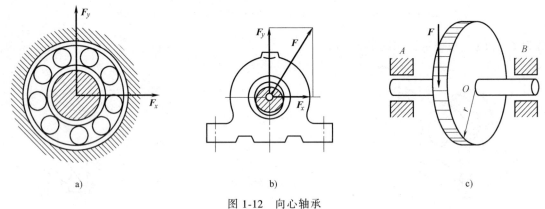

图 1-12 向心轴承

a）滚动轴承 b）滑动轴承 c）轴承的力学模型

（2）向心推力轴承 这类轴承除了限制轴的径向移动，还能限制轴的轴向移动。其约束力用三个相互垂直的分力 F_x、F_y、F_z 来表示，如图 1-13 所示。

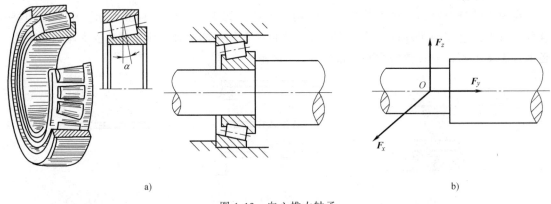

图 1-13 向心推力轴承

a）向心推力轴承 b）轴承的约束力

1.3.5 固定端约束

当构件的一端被牢牢地固定在机座或者墙壁等物体上时，就形成了固定端约束。例如，固定在墙上的支架、楼房上的阳台、埋入地下的电线杆等，如图 1-14 所示。这类约束限制了构件的所有移动和转动。对于平面力系，固定端约束能限制构件在平面内的移动和转动，其约束力包括两个正交分力和一个约束力偶。力和力偶的方向均可假设，如图 1-15 所示。

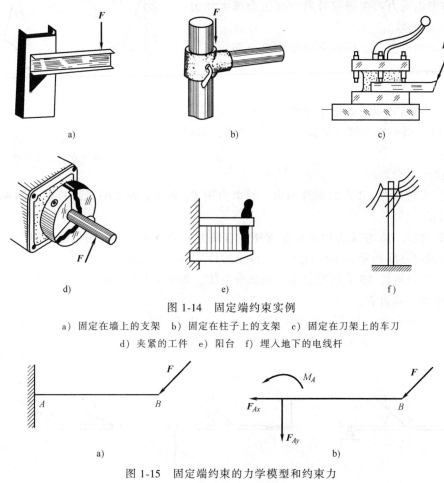

图 1-14　固定端约束实例

a) 固定在墙上的支架　b) 固定在柱子上的支架　c) 固定在刀架上的车刀

d) 夹紧的工件　e) 阳台　f) 埋入地下的电线杆

图 1-15　固定端约束的力学模型和约束力

a) 力学模型　b) 约束力

1.4　物体的受力分析和受力图

　　静力学主要研究的是物体在力系（主动力和约束力）作用下的平衡问题。在工程中解决实际问题时，需要根据已知力最终求出未知力（约束力）。为此首先要确定构件受了几个力，每个力的作用位置和力的作用方向，这种分析过程称为物体的受力分析。

　　为了清晰地表示物体的受力情况，就需要把研究的物体从周围的物体中分离出来，单独地画出它的简图，这个过程称为取研究对象或取分离体。然后画出对研究对象所作用的全部力（包括主动力和约束力），这个过程称为画受力图。画出物体的受力图是静力学研究中的第一步，也是最重要的一步。

1.4.1　单个物体的受力图

　　作受力图的步骤：

1）取出研究对象即分离体，并单独画出其简图。

2）作出主动力：在研究对象上画出全部主动力，并为各力标注代号。

3）作出约束力，分析约束类型作出全部约束力，并为各力标注代号。

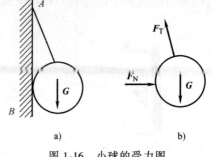

例 1-1 一个重为 G 的小球，用绳子挂在光滑的墙上，如图 1-16a 所示。画出小球的受力图。

解 （1）以小球为研究对象并画出分离体，如图 1-16b 所示。

图 1-16 小球的受力图
a）小球受力 b）受力图

（2）作出主动力。

（3）作出约束力：A 点的柔性约束，约束力用 F_T 表示；B 点的光滑接触面约束，约束力用 F_N 表示。

例 1-2 构件 AB 左端为固定铰链支座，右端为可动铰链支座，构件的中间点 C 受力 F 的作用，如图 1-17a 所示，不计自重，试画出构件 AB 的受力图。

解 （1）以构件 AB 为研究对象并画出分离体，如图 1-17b 所示。

（2）作出主动力 F。

（3）作出约束力：左端固定铰链支座的约束力用 F_{Ax} 和 F_{Ay} 表示，方向假设；右端可动铰支座的约束力用 F_B 表示，方向垂直于支承面。

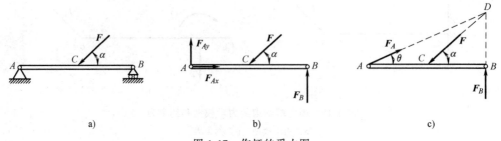

图 1-17 作杆的受力图
a）构件的受力 b）受力图 c）三力汇交受力图

例 1-3 构件 AB 左端为固定端约束，已知力包括载荷集度为 q 的均布载荷、力 F，力偶 M，如图 1-18a 所示，画出构件 AB 的受力图。

解 （1）以构件 AB 为研究对象并画出分离体，如图 1-18b 所示。

（2）作出主动力：包括载荷集度为 q 的均布载荷、力 F、力偶 M。

（3）作出约束力：左端为固定端约束，约束力包括两个正交的分力 F_{Ax}、F_{Ay} 和一个约束力偶 M_A，方向假设。

例 1-4 轴放置在 A、B 两轴承上，齿轮 C、D 上分别作用着水平和铅垂的力，如图 1-19a 所示，画出轴 AB 的受力图。

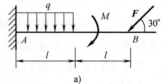

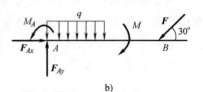

图 1-18 构件的受力图
a）构件的受力 b）受力图

解　（1）去掉轴两端的轴承约束取分离体，如图1-19b所示。

（2）作主动力：齿轮 C、D 上的已知力。

（3）作出约束力：轴两端的轴承为向心轴承，限制了轴的两个方向的移动，分别用 F_{Ax}、F_{Az} 和 F_{Bx}、F_{Bz} 表示。

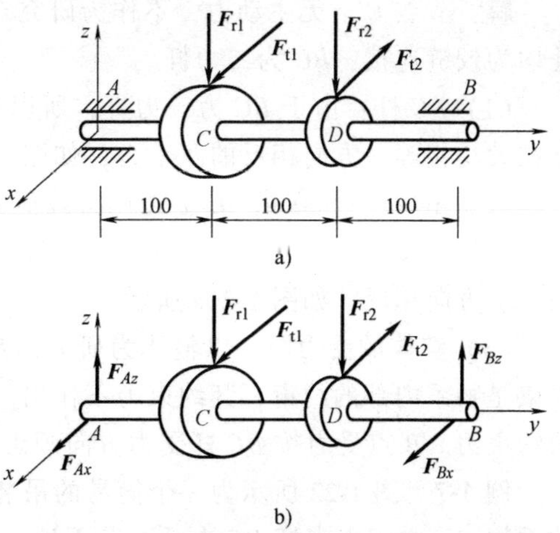

1.4.2　物系的受力图

物系的受力图较为复杂，其主要步骤为：

1）明确研究对象：要明确是画单个构件的受力图还是整个物系的受力图，一定要取研究对象的分离体。

注意：如果是画单个构件的受力图，应首先判别有无二力杆。如果铰链节点有主动力作用时，要把铰链节点单独作为研究对象。

2）作研究对象上的已知力。

3）作研究对象上的约束力：注意作用力和反作用力的关系。

例1-5　A、B、C 三点均为铰链，AB 和 AC 杆均不计自重，如图1-20a所示，分别画出各构件的受力图。

解　（1）研究对象有三个，分别是 AB 杆、AC 杆和节点 A，AB 杆和 AC 杆均只在两端铰接受力为二力杆，其受力图如图1-20b所示。

（2）节点 A 的受力图如图1-20c所示，注意力 F_{AB} 与 F'_{AB}、力 F_{AC} 与 F'_{AC} 互为作用力与反作用力。

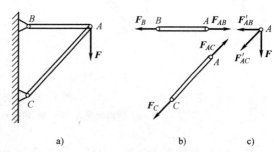

图1-19　轴的受力图
a）轴的受力　b）受力图

图1-20　作物系的受力图
a）铰接杆 AB、AC　b）AB 和 AC 杆受力　c）节点 A 受力图

例1-6　如图1-21a所示三铰拱桥，由左右两拱桥铰接而成，不计自重和摩擦，在拱 AC 上作用有载荷 F。画出拱 AC 和 BC 及整体的受力图。

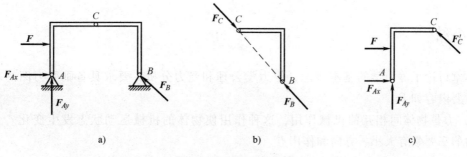

图1-21　作物系受力图
a）三铰拱桥受力　b）BC 杆受力　c）AC 杆受力

解 节点 C 上无主动力，不作为研究对象。因此该物系由拱 AC 和 BC 两构件组成，各处均为铰链连接，BC 为二力杆。

（1）BC 杆：由于 BC 为二力杆，所以其受力一定满足二力平衡公理，即沿 BC 的连线，存在大小相等、方向相反的两个力，如图 1-21b 所示。

（2）AC 杆：因在拱 AC 上作用有载荷 F，所以此杆不是二力杆。A 点为固定铰链约束，有两个约束反力。根据作用和反作用公理，在拱 AC 的 C 点受力一定与 BC 的 C 点受力大小相等、方向相反，如图 1-21c 所示。

（3）整体的受力图：以整体为研究对象，只画出物系外部的约束力，此时 C 点的铰链约束是物系内部的约束，其约束力不作出。A 点为固定铰链支座，其约束力是两个相互垂直的约束力。B 点受力按 BC 杆受力方向画出。如图 1-21a 所示。

例 1-7 图 1-22 所示为一个简易的吊装结构，梁 AD 的 A 端为固定铰链，D 端挂重为 G 的重物 E，中间由直杆 BC 支承。若不计梁及直杆自重，画出梁 AD 及直杆 BC 的受力图。

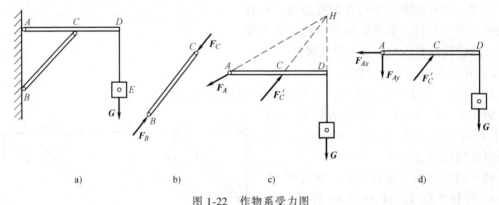

图 1-22 作物系受力图
a) 结构物受力　b) BC 杆受力图　c)、d) AD 杆受力图

解 （1）此物系 BC 为二力杆，所以直杆 BC 的受力图必定满足二力平衡公理，即连接 B、C 两点，其作用线的方向沿着两点的连线、等值、反向。显然，直杆 BC 应受压，如图 1-22b 所示。

（2）画出梁 AD 的受力图。以梁 AD 为研究对象，取分离体，画出主动力 G，C 点的受力由作用和反作用公理确定。铰链 A 点的受力可以用三力汇交定理确定，也可以按约束类型确定，如图 1-22c、d 所示。

章节小结

本章讨论了静力学的基本概念、静力学公理和受力分析，要求具备画受力图的基本能力。主要内容如下：

1）力是物体间相互的机械作用，这种作用使物体的机械运动状态发生变化。力是矢量，力的三要素有大小、方向和作用点。

2）刚体是指物体在力的作用下其形状和大小均不发生变化的物体。

3）静力学公理是静力学的基础。二力平衡公理定义了最简单的平衡力系；加减平衡力系公理是力系等效代换与简化的理论基础；力的平行四边形公理说明了力的矢量运算法则；作用与反作用公理揭示了力的存在形式与力在物系内部的传递方式。

4）不计自重，只在两端受力而处于平衡状态的构件称为二力杆。

5）限制非自由体运动的物体称为约束。约束力的方向与其所能限制的运动方向相反。

6）柔性约束的约束力方向沿绳索背离物体；光滑接触面约束的约束力方向沿公法线方向指向受力物体。

7）光滑铰链约束有固定铰链支座、中间铰链、可动铰链支座三种类型。其中固定铰链支座、中间铰链的约束力为两个相互垂直的约束力，方向假设。可动铰链支座的约束力垂直于支承面。

8）轴承约束包括向心轴承约束和向心推力轴承约束。向心轴承的约束力一般包括两个正交的分力，向心推力轴承一般包括三个正交的分力；方向假设。

9）固定端约束的约束力包括两个正交分力和一个约束反力偶。

10）画受力图的一般步骤：明确研究对象，取分离体，画出主动力和约束力。对于物系的受力图要注意二力杆、节点受力和作用力与反作用力的画法。

课后习题

1-1　力的三要素是什么？

1-2　什么是刚体？

1-3　什么是二力杆？请指出图 1-23 中哪些是二力杆（设所有接触处都为光滑接触，不计自重）。

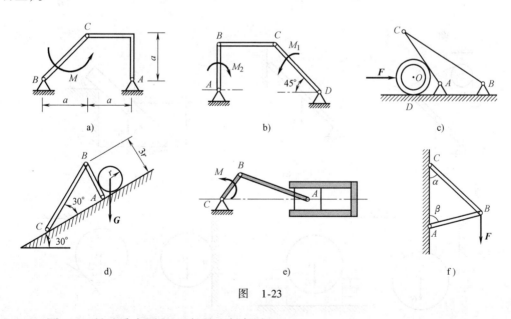

图　1-23

1-4　图 1-24 所示受力图是否有误？如何改正？

1-5　画出图 1-25 所示物体 C、构件 AB 或 ABC 的受力图（注：未画出重力的物体自重不计，所有接触处均为光滑接触）。

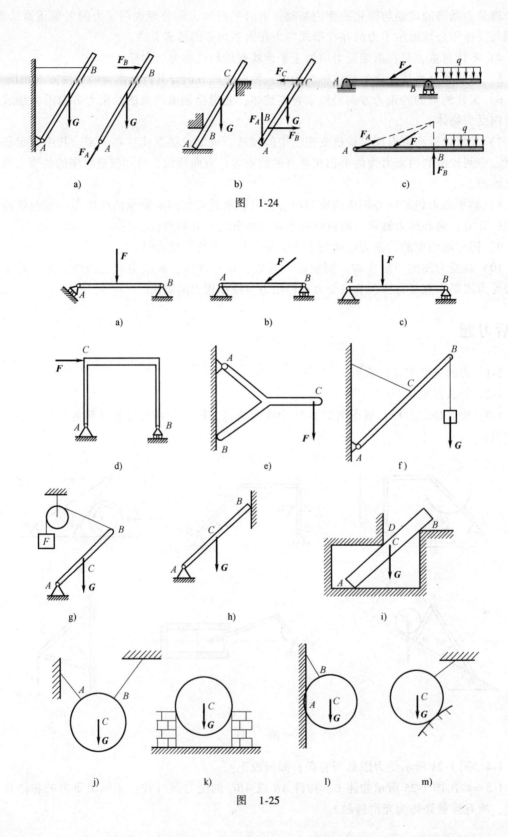

图　1-24

图　1-25

1-6 画出图 1-26 所示物系中各构件的受力图。

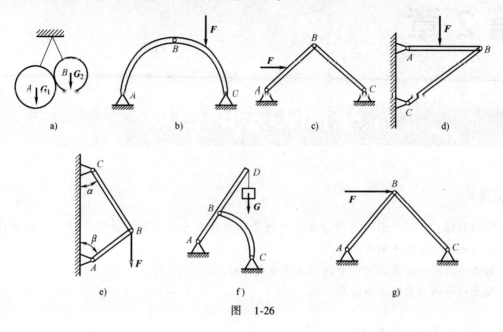

图 1-26

第 2 章

平面力系的合成

知识导航

学习目标：了解平面力系的分类，掌握力矩的计算方法、合力投影定理、力的平移定理，以及平面力系的平衡方程。

重点：力矩的计算方法、平面力系的平衡方程。

难点：平面力系的平衡方程。

2.1 平面力系的分类

当物体上作用有若干力时，就构成了力系。如果力系中所有力的作用线不在同一平面上，则称为空间力系。如果力系中所有力的作用线处在同一平面上，则称为平面力系。

对于平面力系，当力系中所有力的作用线都汇交于同一点时，称该力系为平面汇交力系，如图 2-1a 所示。

对于平面力系，当力系中所有力的作用线都相互平行时，称该力系为平面平行力系，如图 2-1b 所示。

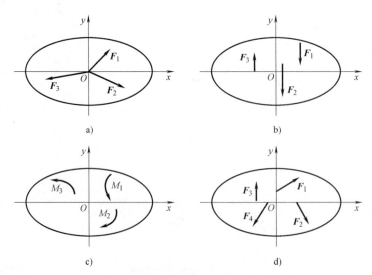

图 2-1 平面力系

a) 平面汇交系 b) 平面平行力系 c) 平面力偶系 d) 平面一般力系

对于平面力系，当刚体上有两个或者两个以上的力偶作用时，称该力系为平面力偶系，如图 2-1c 所示。

对于平面力系，如果力系中所有力的作用线没有汇交于同一点，也没有相互平行，也没有构成力偶，则称这样的力系为平面一般力系，如图 2-1d 所示。

静力学主要研究刚体在力系的作用下处于平衡状态的规律。本章先对平面力系进行简化，在此基础上研究平面力系的平衡条件。

2.2 平面力矩和力偶

力对物体的作用外效应包括移动和转动。移动效应可用力矢来度量；而转动效应用力对点的矩（简称力矩）来度量，既力矩是度量力对刚体转动效应的物理量。

2.2.1 平面力矩

生活中很多情况下，存在在力的作用下使物体发生转动的作用效应，例如扳手拧紧螺母时，关门和开门时等。以扳手拧紧螺母为例，如图 2-2 所示，此时力 F 与点 O 在同一平面内，点 O 称为矩心，点 O 到力 F 的作用线的垂直距离 d 称为力臂。其转动效果取决于力 F 的大小与力臂 d 的乘积。力学上用力 F 对 O 点之矩来度量其转动的效果，简称力矩，用 $M_O(F)$ 表示。即

$$M_O(F) = \pm F \cdot d \qquad (2\text{-}1)$$

其正负号表示力矩的转动方向，一般规定：力使物体绕矩心顺时针转动时，取 "-"；力使物体绕矩心逆时针转动时，取 "+"。力矩的单位是 N·m、N·mm 或 kN·m。

显然，当力的作用线通过矩心时，力臂为零，因此力对矩心的力矩也为零。

例 2-1 如图 2-2 所示，若 $F = 20\text{N}$，扳手手柄长 $L =$ 200mm，力 F 与手柄的夹角为 60°，试求力 F 对 O 点的力矩。

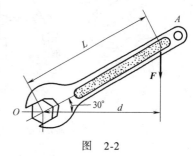

图 2-2

解 $M_O(F) = -F \cdot d = -FL\sin 60° = \left(-20 \times 0.2 \times \dfrac{\sqrt{3}}{2}\right) \text{N·m} = -3.46\text{N·m}$

负号表示力 F 对 O 点的力矩的转动方向为顺时针。

2.2.2 合力矩定理

在力矩的实际计算中，力臂的计算有时较麻烦，所以常利用分力对某点的力矩和合力对该点力矩的关系来计算，这就是合力矩定理。

定理 2-1 合力 F_R 对某点的力矩就等于该合力的各分力 F_i 对同一点力矩的代数和。即

$$M_O(F_R) = \sum M_O(F_i) \qquad (2\text{-}2)$$

在例 2-1 中，若利用合力矩定理，则可将力 F 分解为沿扳手手柄方向的力 F_x 和与扳手手柄垂直的力 F_y，由合力矩定理可知：

$$M_O(\boldsymbol{F}_{\mathrm{R}}) = \sum M_O(\boldsymbol{F}_i) = M_O(\boldsymbol{F}_x) + M_O(\boldsymbol{F}_y)$$
$$= 0 - F \cdot L\sin60°$$
$$= -3.46\mathrm{N} \cdot \mathrm{m}$$

2.2.3 力偶

1. 力偶的概念

在生活实践中，我们常常见到汽车驾驶员用双手转动方向盘，工人用双手转动丝锥攻螺纹，人们用手转动水龙头等，如图 2-3a、b、c 所示。

这种情况下力的特点是：作用在同一个物体、大小相等、方向相反，作用线相互平行且不重合。这样的两个力称为力偶，记为 $(\boldsymbol{F}, \boldsymbol{F}')$，如图 2-3d 所示。力偶对物体的作用效果有且只有转动效应。显然，力偶是一个最简单的非平衡力系。

力偶对物体的转动效应，可用力偶矩来度量，记作 $M(\boldsymbol{F}, \boldsymbol{F}')$。即

$$M(\boldsymbol{F}, \boldsymbol{F}') = \pm F \cdot d \tag{2-3}$$

把力偶中的两个力所在的平面称为力偶的作用面，两个力作用线之间的垂直距离 d 称为力偶臂。其正负号表示力偶矩的转动方向，一般规定：力偶对物体有顺时针的转动时，取 "−"；力偶对物体有逆时针的转动时，取 "+"。力偶矩的单位为 N·m、N·mm 或 kN·m。

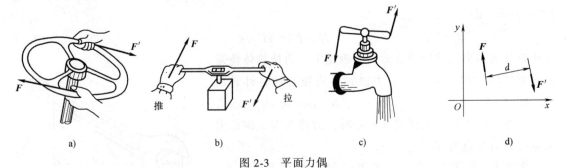

图 2-3 平面力偶

a）转动方向盘 b）转动丝锥攻螺纹 c）转动水龙头 d）力偶的图示

2. 力偶的性质

1）力偶无合力。力偶中的两个力不共点，因此不能用平行四边形公理来求合力，力偶也不能用一个力来平衡。力和力偶是静力学的两个基本要素。

2）力偶中的两个力，对力偶作用面内任一点力矩的代数和恒等于力偶矩，这表明力偶对任一点的矩与矩心位置无关。即

$$M_O(\boldsymbol{F}, \boldsymbol{F}') = M(\boldsymbol{F}, \boldsymbol{F}') = \pm F \cdot d$$

力偶在平面内的转动方向不同，其作用效果就不同。因此，平面力偶对物体的作用效应取决于力偶矩的大小、力偶的作用面和力偶的转动方向，此称为力偶的三要素。

3）任一力偶可以在它的作用面内任意移转，而不改变它对刚体的作用效应。因此，力偶对刚体的作用与力偶在其作用面内的位置无关。

4）只要保持力偶矩的大小和力偶的转动方向不变，就可以同时改变力偶中力的大小和力偶臂的长短，而不改变力偶对刚体的作用效应。

由此可见，力偶臂和力的大小都不是力偶的特征量，只有力偶矩是平面力偶作用的唯一量度。常用的力偶的符号如图 2-4 所示，M 为力偶矩。

图 2-4　力偶的代号

a）逆时针力偶　b）顺时针力偶

2.2.4　平面力偶系的合成和平衡

1. 平面力偶系的合成

作用在同一平面内的若干个力偶构成了平面力偶系。

设（F_1，F_1'）和（F_2，F_2'）为作用在某物体同一平面内的两个力偶，如图 2-5 所示，其力偶臂为 d_1，d_2，力偶矩分别为 M_1，M_2，则

$$M_1 = F_1 d_1, M_2 = F_2 d_2$$

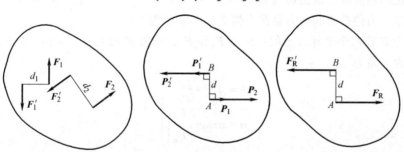

图 2-5　平面力偶系的合成

在保证力偶矩不变的情况下，同时改变这两个力偶的力的大小和力偶臂的长短，使它们具有相同的臂长 d，并将它们在平面内转移，使力的作用线重合，于是得到与原来力偶等效的两个新力偶（P_1，P_1'）和（P_2，P_2'）。则

$$M_1 = F_1 d_1 = P_1 d, M_2 = F_2 d_2 = P_2 d$$

分别将共点力 P_1，P_2 和 P_1'，P_2' 合成为 F_R，F_R'，由于 F_R 与 F_R' 是等值反向且作用线平行的两个力，所以构成了与原来力偶系等效的合力偶（F_R，F_R'），其合力偶矩的大小为

$$M = F_R \cdot d = (P_1 + P_2) \cdot d = P_1 d + P_2 d = M_1 + M_2$$

若有两个以上的平面力偶，依然可以按照上述方法合成。即在同一平面内的任意个力偶，可合成为一个合力偶，合力偶矩等于各个力偶矩的代数和。即

$$M = \sum M_i = M_1 + M_2 + \cdots + M_n \tag{2-4}$$

2. 平面力偶系的平衡条件

由合成结果可知，平面力偶系可合成为一个合力偶，若物体在力偶系的作用下处于平衡状态，则必须满足合力偶矩等于零。因此，平面力偶系平衡的必要和充分条件是：合力偶矩

等于零。即

$$\sum M_i = 0 \qquad\qquad (2\text{-}5)$$

2.3 平面汇交力系的合成和平衡

2.3.1 力在坐标轴上的投影

如图 2-6 所示，设在平面直角坐标系中有力 F 的作用，其与 x 轴所夹的锐角为 α，从力的两端点 A、B 分别向 x 轴和 y 轴作垂线，在 x 轴上的垂足为 a 和 b，在 y 轴上的垂足为 a' 和 b'。则有向线段 ab 称为作力 F 在 x 轴上的投影，用 F_x 表示；有向线段 $a'b'$ 称为作力 F 在 y 轴上的投影，用 F_y 表示。其大小分别为

$$\left.\begin{aligned} F_x &= \pm F\cos\alpha \\ F_y &= \pm F\sin\alpha \end{aligned}\right\} \qquad (2\text{-}6)$$

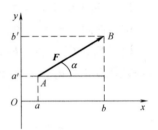

图 2-6 平面力的投影

力在坐标轴上的投影是代数量，其正负号的规定为：当力的投影与两坐标轴正向一致时，该投影值取 "+"；当力的投影与两坐标轴正向相反时，该投影值取 "−"。

应当注意，力的投影和分力是两个概念，不能混为一谈。

若已知力 F 在两个坐标轴上的投影为 F_x 和 F_y，则力 F 的大小和与 x 轴的夹角为

$$\left.\begin{aligned} F &= \sqrt{F_x^2 + F_y^2} \\ \alpha &= \arctan\left|\frac{F_y}{F_x}\right| \end{aligned}\right\} \qquad (2\text{-}7)$$

2.3.2 合力投影定理

合力 F_R 在某坐标轴上的投影，等于各分力在同一坐标轴上投影的代数和，这就是合理投影定理。其表达式为

$$\left.\begin{aligned} F_{Rx} &= \sum F_x \\ F_{Ry} &= \sum F_y \end{aligned}\right\} \qquad (2\text{-}8)$$

2.3.3 平面汇交力系的合成

平面汇交力系求合力的步骤为：

1）分别计算合力在两坐标轴上的投影；

2）求出合力的大小和合力与 x 轴所夹的锐角 α；

3）由两投影的正负号判断合力的方向。

例 2-2 已知物体的 O 点作用有平面汇交力系 $(F_1,\ F_2,\ F_3,\ F_4)$，其中 $F_1 = F_2 = 100\text{N}$，$F_3 = 150\text{N}$，$F_4 = 200\text{N}$，各力的方向如图 2-7 所示，求该力系的合力的大小和方向。

解 （1）建立平面直角坐标系 Oxy，分别确定各力与 x 轴所夹的锐角。

（2）由合力投影定理分别求出合力在两坐标轴的投影，即

$$F_{Rx} = \sum F_x = F_{1x} + F_{2x} + F_{3x} + F_{4x}$$
$$= (100 + 100\cos50° - 150\cos60° - 200\cos20°)\ \text{N}$$
$$= -98.7\text{N}$$

$$F_{Ry} = \sum F_y = F_{1y} + F_{2y} + F_{3y} + F_{4y}$$
$$= (0 + 100\sin50° + 150\sin60° - 200\sin20°)\ \text{N}$$
$$= 138.1\text{N}$$

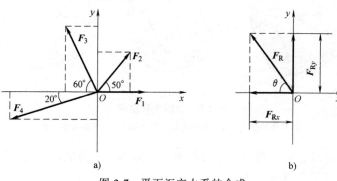

图 2-7　平面汇交力系的合成

a）各力的方向　b）合力的方向

（3）求合力的大小和夹角，即

$$F_R = \sqrt{F_{Rx}{}^2 + F_{Ry}{}^2} = \sqrt{(\sum F_x)^2 + (\sum F_y)^2} = \sqrt{(-98.7)^2 + 138.1^2}\ \text{N} = 168.7\text{N}$$

$$\alpha = \arctan\left|\frac{F_{Ry}}{F_{Rx}}\right| = \arctan\left|\frac{138.1}{-98.7}\right| = 54.5°$$

（4）求合力的方向：由 F_{Rx} 为"-"和 F_{Ry} 为"+"，可确定该合力指向左上方，如图 2-7b 所示。

2.3.4　平面汇交力系的平衡

由于平面汇交力系最终可以合成一个合力，显然如果该合力等于零，则物体在平面汇交力系的作用下处于平衡状态。由此得出结论：平面汇交力系平衡的必要与充分条件为：该力系的合力等于零。即

$$F_R = 0$$

所以
$$\left.\begin{array}{l}\sum F_x = 0 \\ \sum F_y = 0\end{array}\right\} \tag{2-9}$$

于是，平面汇交力系平衡的必要和充分条件是：各力在两个坐标轴上投影的代数和分别等于零。式（2-9）称为平面汇交力系的平衡方程。

2.4　平面一般力系的合成和平衡

2.4.1　力的平移定理

定理 2-2　将作用在刚体上 A 点的力平行移到任一点 B，必须附加一个力偶，才能与原

来的力作用等效。附加力偶的力偶矩等于原来力 $\boldsymbol{F}$ 对平移点 B 的力矩。

如图 2-8 所示，已知刚体 A 点作用力 $\boldsymbol{F}$，将力 $\boldsymbol{F}$ 平移到同刚体上任一点 B 时，需附加的力偶矩 M 为

$$M = M_B(\boldsymbol{F}) = F \cdot d$$

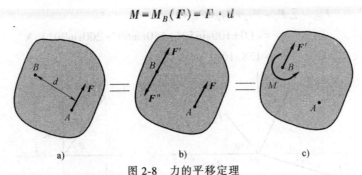

图 2-8　力的平移定理

a) 某物体受力　b) 平移力附加的力偶　c) 平移后的力系

利用力的平移定理，可以将一个力分解为一个力和一个力偶；反之，同一力系中的一个力和一个力偶，也可以合成为一个力。

力的平移定理揭示了力与力偶的关系，即力等效于力和力偶的共同作用。力平移的条件是附加一个力偶 M。力的平移定理是力系简化的理论基础。

2.4.2　平面一般力系向一点的简化和合成

1. 平面一般力系向一点的简化

设刚体上作用了 n 个力 $\boldsymbol{F}_1$，$\boldsymbol{F}_2$，$\cdots$，$\boldsymbol{F}_n$ 组成平面一般力系，如图 2-9 所示，在平面内任取一点 O，称为该力系的简化中心。应用力的平移定理，将力系中所有力都平移到 O 点，于是得到由平面汇交力系（$\boldsymbol{F}_1'$，$\boldsymbol{F}_2'$，$\cdots$，$\boldsymbol{F}_n'$）和相应的附加力偶所组成的平面力偶系（M_1，M_2，$\cdots$，M_n）。

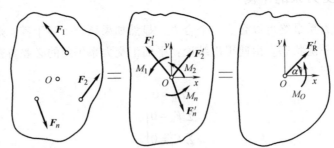

图 2-9　平面一般力系向一点简化

这样，平面一般力系等效为两个简单力系：平面汇交力系和平面力偶系。然后，再分别合成这两个力系。

平面汇交力系可以合成为一个通过 O 点的合力 $\boldsymbol{F}_R'$，此合力称之为平面一般力系的主矢；附加的力偶系可以合成为一个合力偶 M_O，此合力偶称之为平面一般力系的主矩。

主矢 $\boldsymbol{F}_R'$ 和主矩 M_O 的大小分别为

$$F_R' = \sqrt{\left(\sum F_x'\right)^2 + \left(\sum F_y'\right)^2} = \sqrt{\left(\sum F_x\right)^2 + \left(\sum F_y\right)^2} \tag{2-10}$$

$$M_O = M_1 + M_2 + \cdots + M_n = M_O(\boldsymbol{F}_1) + M_O(\boldsymbol{F}_2) + \cdots + M_O(\boldsymbol{F}_n) = \sum M_O(\boldsymbol{F}) \tag{2-11}$$

主矢与 x 轴所夹的锐角 α 为

$$\alpha = \arctan \left| \frac{\sum F'_y}{\sum F'_x} \right| = \arctan \left| \frac{\sum F_y}{\sum F_x} \right| \tag{2-12}$$

综上所述，平面一般力系向作用面内一点简化的最终结果是：一个力和一个力偶。该力称之为平面一般力系的主矢，该力偶称之为平面一般力系的主矩。

主矢在两坐标轴上的投影，分别等于各力在同一坐标轴上投影的代数和。主矩等于力系中各力对简化中心的力矩代数和。简化中心也叫作矩心。主矢与简化中心的位置无关，主矩随简化中心位置的改变而改变。

2. 平面一般力系的合成

分析由平面一般力系向一点简化的结果，可能有以下四种情况。

（1）$\boldsymbol{F}'_R \neq \boldsymbol{0}$，$M_O \neq 0$　由力的平移定理可知，$\boldsymbol{F}'_R$ 和 M_O 可以合成为一个合力 $\boldsymbol{F}_R$，合力的大小和方向等于主矢；合力的作用线在点 O 的哪一侧，需要根据主矢和主矩的方向确定，合力作用线到 O 点的距离 d 为

$$d = \frac{M_O}{F_R} \tag{2-13}$$

（2）$\boldsymbol{F}'_R \neq \boldsymbol{0}$，$M_O = 0$　此时附加的力偶系相互平衡，只有一个与原力系等效的力 $\boldsymbol{F}'_R$。所以 $\boldsymbol{F}'_R$ 就是原力系的合力，而合力的作用线恰好通过简化中心 O。

（3）$\boldsymbol{F}'_R = \boldsymbol{0}$，$M_O \neq 0$　则原力系合成为力偶，力偶矩为

$$M_O = \sum M_O(\boldsymbol{F}_i) \tag{2-14}$$

（4）$\boldsymbol{F}'_R = \boldsymbol{0}$，$M_O = 0$　则原力系合力为零，即原平面一般力系为平衡力系。

综上所述，平面一般力系最后合成的结果有三种情况：一个力、一个力偶或者合力为零。只有主矢和主矩同时为零时，合力才为零。

由此可得平面一般力系求合力的步骤：

1）由式（2-10）计算主矢的大小和方向。

2）选取一简化中心 O，由式（2-11）计算主矩。

3）根据不同的简化情况，求出平面一般力系的合力。

例 2-3　如图 2-10a 所示的平面一般力系，每方格边长为 100mm，$F_1 = F_2 = 100\text{N}$，$F_3 = F_4 = 100\sqrt{2}\,\text{N}$，试分别以 A 点和 O 点为简化中心，求该力系的合力。

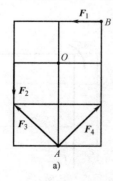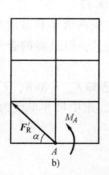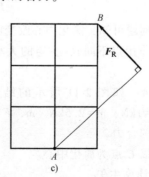

图 2-10　平面一般力系的合成

解 (1) 以 A 点为简化中心。

1) 计算主矢：

$$\sum F_x = -F_1 - F_3\cos45° + F_4\cos45° = -100\text{N}$$

$$\sum F_y = -F_2 - F_3\sin45° + F_4\sin45° = 100\text{N}$$

主矢的大小　　　$F_R' = \sqrt{(\sum F_x)^2 + (\sum F_y)^2} = 100\sqrt{2}\,\text{N}$

主矢与 x 轴的夹角　　　$\alpha = \arctan\left|\dfrac{\sum F_y}{\sum F_x}\right| = 45°$

故主矢 $\boldsymbol{F}_R'$ 的作用线通过 A 点，与 x 轴成45°角，指向左上方，如图 2-10b 所示。

2) 计算主矩

$$M_A = \sum M_A(\boldsymbol{F}) = F_1 \times 0.3\text{m} + F_2 \times 0.1\text{m} = 40\text{N} \cdot \text{m}$$

3) 主矢和主矩都不等于零。将主矢和主矩用力的平移定理进一步合成。则合力作用线到简化中心 A 点的距离 d 为

$$d = \frac{M_A}{F_R'} = \frac{40 \times 10^3}{100\sqrt{2}}\text{mm} = 200\sqrt{2}\,\text{mm}$$

由几何关系知，合力 $\boldsymbol{F}_R$ 通过 B 点，如图 2-10c 所示，其大小为 $100\sqrt{2}\,\text{N}$，与 x 轴成45°角，指向左上方。

(2) 以 O 点为简化中心

1) 计算主矢：

$$\sum F_x = -F_1 - F_3\cos45° + F_4\cos45° = -100\text{N}$$

$$\sum F_y = -F_2 - F_3\sin45° + F_4\sin45° = 100\text{N}$$

主矢的大小　　　$F_R' = \sqrt{(\sum F_x)^2 + (\sum F_y)^2} = 100\sqrt{2}\,\text{N}$

主矢与 x 轴的夹角　　　$\alpha = \arctan\left|\dfrac{\sum F_y}{\sum F_x}\right| = 45°$

2) 计算主矩

$$M_O = \sum M_O(\boldsymbol{F}) = F_1 \times 0.1\text{m} + F_2 \times 0.1\text{m} - F_3\cos45° \times 0.1\text{m} + F_4\cos45° \times 0.1\text{m}$$

$$= 20\text{N} \cdot \text{m}$$

合力作用线到简化中心 O 点的距离 d 为

$$d = \frac{M_O}{F_R'} = \frac{20 \times 10^3}{100\sqrt{2}}\text{mm} = 100\sqrt{2}\,\text{mm}$$

由该例题可知，简化中心改变时，主矢的大小和方向都不变（只是作用点不同），主矩的大小改变了，但最终的合力没有变。

例 2-4　如图 2-11 所示的结构，已知 $F_{Ax} = 3\text{kN}$，$F_{Ay} = 5\text{kN}$，$F_B = 1\text{kN}$，$M = 2.5\text{kN} \cdot \text{m}$，$F = 5\text{kN}$，图中尺寸单位为 m，求该力系的合力。

解　以 C 点为简化中心。

(1) 计算主矢

$$\sum F_x = F_{Ax} - F \times 0.6 = 3\text{kN} - 5\text{kN} \times 0.6 = 0$$

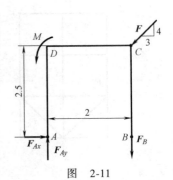

图　2-11

$$\sum F_y = F_{Ay} - F_B - F \times 0.8 = 5\text{kN} - 1\text{kN} - 5\text{kN} \times 0.8 = 0$$

主矢的大小为
$$F'_R = \sqrt{(\sum F_x)^2 + (\sum F_y)^2} = 0$$

（2）计算主矩

$$M_C = \sum M_C(\boldsymbol{F}) = M + F_{Ax} \times 2.5\text{m} - F_{Ay} \times 2\text{m}$$
$$= 2.5\text{kN} \cdot \text{m} + 3\text{kN} \times 2.5\text{m} - 5\text{kN} \times 2\text{m} = 0$$

该力系的主矢等于零，主矩等于零，所以合力为零，则为平衡力系。

由本题可知，力偶对于主矢的大小没有影响，因为力偶中的两个力等值反向，对任何坐标轴投影的代数和都等于零。但力偶对主矩的大小有影响，由力偶的性质可知，不管以哪一点为简化中心，在计算主矩时都以力偶矩代入，不得再乘以力臂。

2.4.3　平面一般力系的平衡条件

由平面一般力系最终的合成结果可知，若平面一般力系为平衡力系，则主矢和主矩必须同时等于零。即

$$\left.\begin{array}{l} F'_R = \sqrt{(\sum F_x)^2 + (\sum F_y)^2} = 0 \\ M_O = \sum M_O(\boldsymbol{F}) = 0 \end{array}\right\} \tag{2-15}$$

式（2-15）为平面一般力系平衡的充分必要条件。

因此，平面一般力系平衡的充分必要条件是：力系的主矢和对任一点的主矩都等于零，即合力为零。由式（2-15）可得平面一般力系的平衡条件为

$$\left.\begin{array}{l} \sum F_x = 0 \\ \sum F_y = 0 \\ \sum M_O(\boldsymbol{F}) = 0 \end{array}\right\} \tag{2-16}$$

即平面一般力系平衡时，各力在两个坐标轴上的投影代数和分别等于零，以及各力对于任一点的矩的代数和也等于零。

章节小结

本章要求理解力矩、力偶、主矢和主矩的概念，掌握力的投影，并熟练应用合力投影定理、合力矩定理以及力的平移定理。

1）力矩是力对物体转动效应的物理量。力矩的值为力 $\boldsymbol{F}$ 的大小与力臂 d 的乘积，力臂 d 是矩心到力 $\boldsymbol{F}$ 作用线的垂直距离，即

$$M_O(\boldsymbol{F}) = \pm F \cdot d$$

2）力偶是另一个基本力学量，其作用效应使刚体在其作用面内的转动状态发生改变。力偶的三要素为力偶矩的大小、转向和力偶作用面。力偶矩的值为力偶中任一力 $\boldsymbol{F}$ 的大小与力偶臂 d 的乘积，力偶臂 d 为两力作用线间的垂直距离，即

$$M(\boldsymbol{F}, \boldsymbol{F}') = \pm F \cdot d$$

3）合力对于某点的矩就等于该合力的各分力对同一点矩的代数和，即

$$M_O(\boldsymbol{F}_R) = \sum M_O(\boldsymbol{F}_i)$$

4）平面力偶系的合力偶矩等于各力偶之矩的代数和，即

$$M = \sum M_i = M_1 + M_2 + \cdots + M_n$$

5）若已知力 F 的大小及其与 x 轴所夹的锐角 α，则该力在坐标轴上的投影为

$$F_x = \pm F \cos\alpha$$
$$F_y = \pm F \sin\alpha$$

6）合力在某个坐标轴上的投影等于各分力在同一坐标轴上投影的代数和，这是合力投影定理。其数学表达式为

$$F_{Rx} = \sum F_x$$
$$F_{Ry} = \sum F_y$$

7）将作用在刚体上 A 点的力平行移到任一点 B，必须附加一个力偶，才能与原来的力作用等效。附加力偶的力偶矩等于原来力 F 对平移点 B 的力矩。这是力的平移定理。

8）平面一般力系向作用面内任一点简化后，最终结果可得一个力和一个力偶，该力称为平面一般力系的主矢，该力偶称为平面一般力系的主矩。主矢在两坐标轴上的投影分别等于各力在同一坐标轴上投影的代数和。主矩等于力系中各力对简化中心的力矩的代数和。

9）平面一般力系简化的最终结果有三种可能：一个合力、一个合力偶、合力为零（即平衡力系）。

课后习题

2-1　如图 2-12 所示的平面一般力系中，$F_1 = 100\text{N}$，$F_2 = 80\text{N}$，$F_3 = 200\text{N}$，$F_4 = 100\text{N}$，分别求出各力在两坐标轴上的投影，并求出该力系的合力。

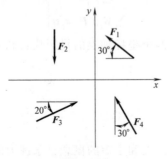

图　2-12

2-2　试求如图 2-13 所示平面汇交力系的合力。

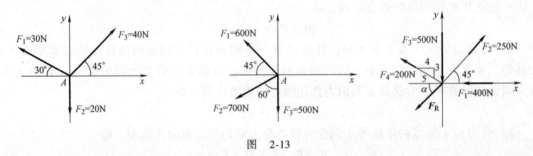

图　2-13

2-3　如图 2-14 所示平面一般力系，试求该力系的合力。

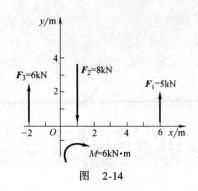

图　2-14

2-4　某平面一般力系向 A 点简化得一个力 $\boldsymbol{F}'_{RA}$（$\boldsymbol{F}'_{RA} \neq \boldsymbol{0}$）及一个矩为 M_A（$M_A \neq 0$）的力偶，B 点为平面内另一点，问：

（1）向 B 点简化仅得一力偶，是否可能？

（2）向 B 点简化仅得一力，是否可能？

（3）向 B 点简化 $\boldsymbol{F}'_{RA} = \boldsymbol{F}'_{RB}$，$M_A \neq M_B$，是否可能？

（4）向 B 点简化 $\boldsymbol{F}'_{RA} = \boldsymbol{F}'_{RB}$，$M_A = M_B$，是否可能？

（5）向 B 点简化 $\boldsymbol{F}'_{RA} \neq \boldsymbol{F}'_{RB}$，$M_A = M_B$，是否可能？

（6）向 B 点简化 $\boldsymbol{F}'_{RA} \neq \boldsymbol{F}'_{RB}$，$M_A \neq M_B$，是否可能？

平面力系的平衡方程及其应用

知识导航

学习目标：运用平面力系的平衡方程求解未知力。

重点：平面力系的平衡方程，有摩擦存在时物体的平衡问题。

难点：平面力系平衡方程的应用。

3.1 单个物体的平衡问题

3.1.1 平面力系的平衡条件

由第 2 章平面力系的合成结果可得，平面力系平衡的充要条件是：合力为零。

1. 平面一般力系的平衡条件（平衡方程）

$$\left.\begin{array}{l} \sum F_x = 0 \\ \sum F_y = 0 \\ \sum M_O(\boldsymbol{F}) = 0 \end{array}\right\} \tag{3-1}$$

此外还有两种形式：

1）一投影两力矩式：

$$\left.\begin{array}{l} \sum F_x = 0\,(\,\sum F_y = 0\,) \\ \sum M_A(\boldsymbol{F}) = 0 \\ \sum M_B(\boldsymbol{F}) = 0 \end{array}\right\} \tag{3-2}$$

其中，坐标轴不得与 A，B 两点的连线垂直。

2）三力矩式：

$$\left.\begin{array}{l} \sum M_A(\boldsymbol{F}) = 0 \\ \sum M_B(\boldsymbol{F}) = 0 \\ \sum M_C(\boldsymbol{F}) = 0 \end{array}\right\} \tag{3-3}$$

其中，A，B，C 三点不能共线。

2. 平面汇交力系的平衡方程

$$\left.\begin{array}{l} \sum F_x = 0 \\ \sum F_y = 0 \end{array}\right\} \tag{3-4}$$

3. 平面平行力系的平衡方程

各力与 x 轴平行时，

$$\left.\begin{aligned} \sum F_x = 0 \\ \sum M_O(\boldsymbol{F}) = 0 \end{aligned}\right\} \tag{3-5}$$

各力与 y 轴平行时，

$$\left.\begin{aligned} \sum F_y = 0 \\ \sum M_O(\boldsymbol{F}) = 0 \end{aligned}\right\} \tag{3-6}$$

此外还有两力矩式：

$$\left.\begin{aligned} \sum M_A(\boldsymbol{F}) = 0 \\ \sum M_B(\boldsymbol{F}) = 0 \end{aligned}\right\} \tag{3-7}$$

其中，A，B 两点的连线不与各力平行。

4. 平面力偶系的平衡方程

$$\sum M_i = 0 \tag{3-8}$$

3.1.2　平面力系平衡方程的应用

用平面力系的平衡方程求解未知力的步骤为：

1）取研究对象，并作出受力图。

2）建立直角坐标系，确定各力与坐标轴的夹角。

3）确定该平面力系的种类，列相应的平衡方程求解未知力。

例 3-1　如图 3-1a 所示，三角架由 AB 杆和 BC 杆组成，AB 杆和 BC 杆两端均为铰接，B 点悬挂着重物 $\boldsymbol{F}$，大小为 30kN，分别计算两杆所受的力。

解　（1）由受力分析可知，铰链节点 B 受主动力的作用，所以取其为研究对象，作出受力图，如图 3-1b 所示。

（2）建立坐标。本题建立的 x 轴水平方向，向右为正；y 轴竖直方向，向上为正，该坐标轴可以不画出。

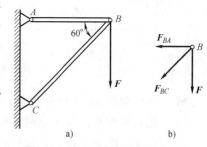

图 3-1　平面汇交力系的平衡问题

（3）由受力图可确定该力系为平面汇交力系，列平衡方程求未知力：

$$\sum F_x = 0, \ -F_{BA} - F_{BC} \cdot \cos 60° = 0$$

$$\sum F_y = 0, \ -F - F_{BC} \cdot \sin 60° = 0$$

求解方程，得　　　　　　　$F_{BC} = -34.64\text{kN}, \ F_{BA} = 17.32\text{kN}$

所求结果中，F_{BC} 为负值，表示该力的假设方向与实际方向是相反的，即 BC 杆受压；F_{BA} 为正值，表示该力的假设方向与实际方向是相同的，即 AB 杆受拉。

例 3-2　如图 3-2a 所示，A 端为固定铰链约束，B 端为活动铰链约束，在 C 点作用集中力 $F = 20\text{kN}$，AB 杆的尺寸如图所示，不计自重，试求 A、B 点的约束力。

解　（1）取 AB 杆为研究对象，作受力图，如图 3-2b 所示。

（2）建立坐标系，因 $\boldsymbol{F}$ 与 $\boldsymbol{F}_B$ 恰好垂直，所以 A 点两个相互垂直的分力 $\boldsymbol{F}_{Ax}$、$\boldsymbol{F}_{Ay}$ 就可

以做成与两力的方向一致。此时坐标轴的方向就是 A 点两个相互垂直的分力的方向。

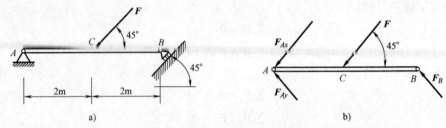

图 3-2　平面一般力系的平衡问题

（3）由受力图确定该力系为平面一般力系，列平衡方程求解未知力：

$$\sum F_x = 0, F_{Ax} + F = 0$$
$$\sum F_y = 0, F_{Ay} + F_B = 0$$
$$\sum M_A(F) = 0, -F \times 2m \times \sin45° + F_B \times 4m \times \sin45° = 0$$

求解方程，得 $F_{Ax} = -20kN$，$F_{Ay} = -10kN$，$F_B = 10kN$

由本题可知，坐标轴的方向可以根据具体情况而定，一般与力系中的大多数力平行或垂直时，列方程较为方便。

例 3-3　如图 3-3a 所示，A 端为固定端约束，在杆 AB 作用着集中力 $F = 20kN$，集中力偶 $M = 10kN \cdot m$，载荷集度 $q = 10kN/m$ 的均布载荷，$l = 1m$。求固定端 A 端的约束力。

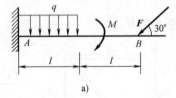 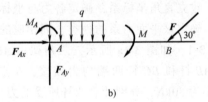

图 3-3　平面一般力系的平衡问题

解　（1）取杆 AB 为研究对象，作受力图，如图 3-3b 所示。

（2）建立坐标系，以 A 点两个相互垂直力的方向为坐标轴方向。

（3）由受力图确定该力系为平面一般力系，列平衡方程求解未知力：

$$\sum F_x = 0, F_{Ax} - F \cdot \cos30° = 0$$
$$\sum F_y = 0, F_{Ay} - ql - F \cdot \sin30° = 0$$
$$\sum M_B(F) = 0, M_A - F_{Ay} \cdot 2l + ql \cdot 1.5l - M = 0$$

求解方程，得 $F_{Ax} = 17.32kN$，$F_{Ay} = 20kN$，$M_A = 35kN \cdot m$

注意：不能漏画固定端的约束力偶 M_A，力偶只参与力矩方程，将力偶矩的大小直接代入方程，而不参与投影方程。

例 3-4　如图 3-4a 所示，已知 $M = 20kN \cdot m$，$l = 4m$，求 A、B 点的约束力。

解　（1）取 AB 杆为研究对象，作出受力图，如图 3-4b 所示。已知力只有一个力偶，因为力偶只能用力偶平衡，所以 A、B 两点的支座反力必然构成另外的力偶与已知力偶平衡。

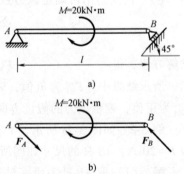

图 3-4　平面力偶系的平衡问题

（2）因该力系为力偶系，其坐标系可省略不画。

（3）列出平面力偶系的平衡方程，求解未知力：

$$\sum M_i = 0, \ -M + F_A \cdot l \cdot \sin 45° = 0$$

$$-20 \text{kN} \cdot \text{m} + F_A \times 4\text{m} \times \sin 45° = 0$$

求解方程，得 $F_A = F_B = 7.07 \text{kN}$

本题为平面力偶系，只有一个独立的平衡方程，只能求出一个未知力。

例 3-5 图 3-5a 所示为某轴的力学模型。已知 $F_1 = 1 \text{kN}$，$F_2 = 2 \text{kN}$，求支承点 A 和 B 的力。

解 （1）作 AB 轴的受力图，如图 3-5b 所示。B 处为可动铰链，约束力 F_B 垂直于支持面，其已知力也沿竖直方向，因此 A 处的约束力也沿竖直方向。该力系为平面平行力系。

（2）列出平面平行力系的平衡方程，求解未知力：

$$\sum F_y = 0, \ F_A - F_1 + F_B + F_2 = 0$$

$$\sum M_B(F) = 0, \ -F_A \times 120\text{mm} + F_1 \times 60\text{mm} + F_2 \times 90\text{mm} = 0$$

求解方程得 $F_A = 2\text{kN}, \ F_B = -3\text{kN}$

本题为平面平行力系，沿 x 轴的投影方程无法列出，可见平面平行力系的独立方程只有两个，最多只能求两个未知力。

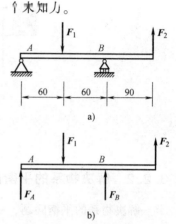

图 3-5 平面平行力系的平衡问题

3.2 物系的平衡问题

3.2.1 静定和超静定问题

在工程中，组合构架、三铰拱等结构都是由几个物体组成的系统。若物系平衡时，则组成该系统的每一个物体都处于平衡状态。对于平面力系，平衡方程最多有三个。若物系由 n 个物体组成，则最多可以列出 $3n$ 个独立的平衡方程。当系统中未知力的数目等于独立平衡方程的数目时，则所有未知数都能由平衡方程求出，这样的问题称为静定问题。显然前面列举的例子都是静定问题。若物系中未知力的数目多于平衡方程的数目时，未知力就不能全部由平衡方程求出，这样的平衡问题称为超静定问题。

对于超静定问题，必须考虑物体因受力作用而产生的变形，补充某些方程后，才能使方程数目等于未知力的数目。超静定问题已超出刚体静力学的范围，须在材料力学和结构力学中研究。

图 3-6 所示是列举的静定和超静定问题的例子。

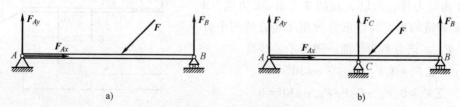

图 3-6 静定与超静定问题

a）静定问题 b）超静定问题

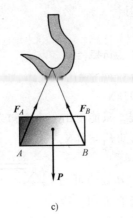
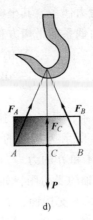

c)
d)

图 3-6　静定与超静定问题（续）

c）静定问题　d）超静定问题

3.2.2　解决物系的平衡问题

解决物系的平衡问题，一般用以下两种方法：

1）逐个拆开：先选取已知力所在的物体或未知力较少的物体为研究对象，解出一部分未知量，再选其他物体为研究对象，直到求出所有的未知量。

2）先整体后拆开：先以整个物系为研究对象，解出一部分未知力，再拆开选取合适的研究对象，求出所有的未知量。

以上两种方法在选择研究对象和列平衡方程时，尽量使每一个平衡方程中的未知力个数尽可能少，最好是只有一个未知量，以避免求解联立方程组。

例 3-6　一悬臂吊车如图 3-7a 所示，横梁 AB 长 $l = 2\text{m}$，设其重力 $G = 1\text{kN}$，作用于重心 C 点，吊重 $P = 6\text{kN}$，作用于 D 点，$\alpha = 30°$，$a = 1.6\text{m}$，求支座 A 的约束力与拉杆 BE 的拉力。

解　本题中由横梁 AB 和拉杆 BE 两个构件组成，拉杆 BE 为二力杆，已知力作用在横梁 AB 上，所以先以横梁 AB 为研究对象。

（1）作出 AB 杆的受力图如图 3-7b 所示。因为拉杆 BE 为二力杆，所以 B 点的受力沿 BE 方向，A 点为固定铰链约束，其约束力为相互垂直的两个分力 F_{Ax}、F_{Ay}。该力系为平面一般力系，故有

$$\sum F_x = 0, F_{Ax} + F_{BE} \cdot \cos 30° = 0$$

$$\sum F_y = 0, F_{Ay} - G - P - F_{BE} \sin 30° = 0$$

$$\sum M_A(\boldsymbol{F}) = 0, -G \cdot \frac{l}{2} - P \cdot a - F_{BE} \cdot l \cdot \sin 30° = 0$$

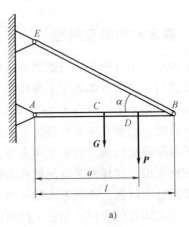

a)

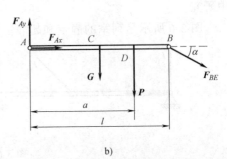

b)

图 3-7　求解物系的平衡问题

求方程得　$F_{Ax}=9.18\mathrm{kN}$，$F_{Ay}=1.7\mathrm{kN}$，$F_{BE}=-10.6\mathrm{kN}$

（2）由本题分析可知，拉杆 BE 的拉力就是 $F_{BE}=-10.6\mathrm{kN}$。负号说明力的实际方向与所画方向相反。

例 3-7　图 3-8a 所示为三铰拱，由 AC 拱和 BC 拱铰接而成。已知 $F_1=150\mathrm{kN}$，$F_2=250\mathrm{kN}$，$a=1.5\mathrm{m}$，$b=2.5\mathrm{m}$，$R=5\mathrm{m}$，求支座 A、B 及中间铰链 C 的约束力。

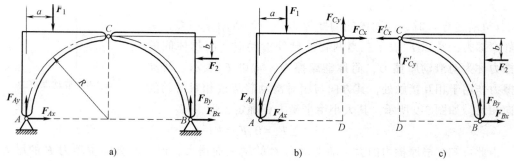

图 3-8　求解物系的平衡问题

a）三铰拱受力　b）AC 段受力图　c）BC 段受力图

解　本题如果拆开研究，则 AC 拱和 BC 拱都是超静定问题，须联立方程组，计算量过大。故以整体为研究对象能求出一部分未知力。

（1）以整体为研究对象作出受力图，如图 3-8a 所示。并列出方程：

$$\sum F_y=0,\ F_{Ay}+F_{By}-F_1=0$$

$$\sum M_A(\boldsymbol{F})=0,\ -F_1\cdot a+F_2\cdot(R-b)+F_{By}\cdot 2R=0$$

解得　　　　　　　　　　$F_{By}=-40\mathrm{kN},\ F_{Ay}=190\mathrm{kN}$

（2）再以 AC 拱为研究对象，其受力图如图 3-8b 所示，则

$$\sum F_x=0,\ F_{Ax}+F_{Cx}=0$$

$$\sum F_y=0,\ F_{Ay}-F_1+F_{Cy}=0$$

$$\sum M_C(\boldsymbol{F})=0,\ F_{Ax}\cdot R-F_{Ay}\cdot R+F_1\cdot(R-a)=0$$

解得　$F_{Ax}=85\mathrm{kN}$，$F_{Cx}=-85\mathrm{kN}$，$F_{Cy}=-40\mathrm{kN}$

（3）再以整体为研究对象，则

$$\sum F_x=0,\ F_{Ax}+F_{Bx}-F_2=0$$

解得　$F_{Bx}=165\mathrm{kN}$

同样，可以以 BC 拱为研究对象求出未知力（受力图如图 3-8c 所示），过程请读者自行解答。

3.3　考虑摩擦时物体的平衡问题

3.3.1　滑动摩擦的基础知识

在此之前，我们的研究中都没有考虑摩擦力，但绝对的光滑是不存在的，所以当两个物体相互接触时，一般都会产生摩擦，只是摩擦力的大小不同而已。例如车辆的制动器靠摩擦

力来制动，带轮利用摩擦力传递运动等。当摩擦力较大时，显然在实际情况中就不能忽略；而摩擦力较小的情况下，常忽略以简化研究。

两个相互接触的物体，当它们接触表面之间发生相对滑动或者有相对滑动趋势时，在接触面上就会出现阻碍彼此滑动的机械作用，这种机械作用称为滑动摩擦力，简称摩擦力。滑动摩擦力可以分为静滑动摩擦力和动滑动摩擦力。当两物体尚未发生滑动（仅有滑动趋势）时，两物体间的摩擦力称为静滑动摩擦力，简称静摩擦力，常以 F_s 表示；当两物体已经滑动时，两物体间的摩擦力称为动滑动摩擦力，简称动摩擦力，常以 F_d 表示。滑动摩擦力作用于相互接触处，其方向与相对滑动趋势或相对滑动的方向相反，如图 3-9 所示。其大小由平衡方程确定，即

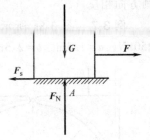

图 3-9　滑动摩擦力

$$\sum F_x = 0, F_s = F$$

由此可知，静摩擦力的大小随主动力 F 的增大而增大，但并不会随主动力 F 的增大而无限度地增大。当主动力 F 的大小达到一定数值时，物块处于平衡的临界状态。这时静摩擦力达到最大值，称为最大静滑动摩擦力，简称最大静摩擦力，用 F_{smax} 表示。如果主动力 F 再继续增大，但静摩擦力不能再随之增大，则物体将失去平衡而滑动。这一现象表明，静摩擦力的大小随主动力的情况而变化，但介于零与最大值之间，即

$$0 \leqslant F_s \leqslant F_{smax} \tag{3-9}$$

实验表明：最大静摩擦力的大小与两物体间的正压力（即法向约束力）成正比，即

$$F_{smax} = f_s F_N \tag{3-10}$$

式（3-10）称为静摩擦定律（又称库仑摩擦定律），是工程中常用的近似理论。式中，f_s 是比例常数，称为静摩擦因数，其大小取决于接触面的材料、表面粗糙度、温度和湿度等环境条件。

对于动摩擦力，实验表明：动摩擦力的大小与接触物体间的正压力称正比，即

$$F_d = f F_N \tag{3-11}$$

式中，f 是动摩擦因数，与接触物体的材料和表面情况有关。一般情况下，动摩擦因数小于静摩擦因数，在工程计算中常认为 $f_s = f$，即 $F_{smax} = F_d$。

静摩擦因数的数值可在工程手册中查到，表 3-1 中列出了一部分常用材料的摩擦因数。

表 3-1　常用材料的滑动摩擦因数

材料	静摩擦因数		动摩擦因数	
	无润滑	有润滑	无润滑	有润滑
钢-钢	0.15	0.1~0.12	0.15	0.05~0.1
钢-铸铁	0.3	—	0.18	0.05~0.15
钢-青铜	0.15	0.1~0.15	0.15	0.1~0.15
铸铁-青铜	—		0.15~0.2	0.07~0.15
铸铁-铸铁	—	0.18	0.15	0.07~0.12
皮革-铸铁	0.3~0.5	0.15	0.6	0.15
木材-木材	0.4~0.6	0.1	0.2~0.5	0.07~0.15

3.3.2 摩擦角和自锁现象

1. 摩擦角

在考虑摩擦时，接触面对物体的约束力由两部分组成，即法向约束力 F_N 与沿接触面的摩擦力 F_s，它们的合力称为接触面的全约束力，用 F_{RA} 表示，其作用线与接触面的公法线成一偏角 φ，如图 3-10 所示。当物块处于平衡的临界状态时，静摩擦力达到最大值，其偏角 φ 也达到最大值 φ_m，全约束力与法线间的夹角的最大值 φ_m 称为摩擦角。由图可得

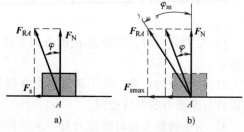

图 3-10 全约束力与摩擦角

a）全约束力 b）摩擦角

$$\tan \varphi_m = \frac{F_{smax}}{F_N} = \frac{f_s F_N}{F_N} = f_s \qquad (3-12)$$

此式表明，摩擦角的正切值等于摩擦因数。可见，摩擦角和摩擦因数一样，都是表示材料表面性质的量。

2. 自锁现象

对于考虑摩擦的物体，受力可以合成为全主力 F_Q（全部主动力的合力）和全约束力 F_R 两个力。当物体平衡时，静摩擦力不一定达到最大值，可在零到最大值 F_{smax} 之间变化，所以，在静止状态下，全约束力 F_R 与接触面法线间的夹角 φ 必在零和摩擦角 φ_m 之间，即

$$0 \leqslant \varphi \leqslant \varphi_m \qquad (3-13)$$

若全主力 F_Q 与接触面法线间的夹角视为 α，如图 3-11 所示，由此可知：

1）当 $\alpha < \varphi_m$ 时，即全主力的作用线在摩擦角之内时，无论这个力有多大，物体都处于静止状态，这种现象称为自锁现象，如图 3-11a 所示。

2）当 $\alpha = \varphi_m$ 时，物体处于临界平衡状态，如图 3-11b 所示。

3）当 $\alpha > \varphi_m$ 时，即全主力的作用线在摩擦角范围之外时，无论这个力怎样小，物体都将滑动，如图 3-11c 所示。

利用自锁现象的原理可以测定两种材料之间的静摩擦因数。把需测定的两种材料做成斜面和物块，将物块放置在斜面上，如图 3-12 所示，并逐渐从零起增大斜面的倾角，直到物块刚开始下滑时为止，测量出斜面此时的倾角 α_m，便可计算出两种材料间的静摩擦因数 f_s，即

$$f_s = \tan \varphi_m = \tan \alpha_m$$

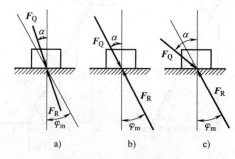

图 3-11 自锁条件

a）$\alpha < \varphi_m$，自锁状态 b）$\alpha = \varphi_m$，临界状态 c）$\alpha > \varphi_m$，运动状态

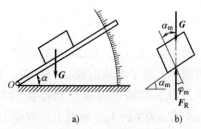

图 3-12 静摩擦因数的测定

a） b）

在实际工程中，常应用自锁条件设计一些机构或夹具，如千斤顶、压榨机、螺旋机构、电工用的脚套钩等；而升降机、变速机构中的滑移齿轮等传动机械，则要避免自锁现象的发生。

3.3.3 摩擦对物体平衡的影响

对于有摩擦的平衡问题，在进行受力分析时，应画上摩擦力，求解此类问题时，最重要的一点是判断摩擦力的方向和计算摩擦力的大小。其特点如下：

1）受力分析时，摩擦力 F_s 的方向不能假设，要根据相关物体接触面的相对滑动趋势判断确定。

2）物体上的力系，除了满足平衡方程外，还要列出补充方程，即 $F_s \leqslant f_s F_N$，补充方程的数目与摩擦力的数目相同。

3）由于物体平衡时摩擦力有一定的范围（即 $0 \leqslant F_s \leqslant F_{smax}$），所以有摩擦时平衡问题的解也有一定的范围，而不是一个确定的值。但为了计算方便，一般先在临界状态下计算，补充方程只取等号，求得结果后再分析，讨论其解的平衡范围。

例 3-8 攀登电线杆时用的套钩如图 3-13a 所示，已知套钩尺寸为 b，电线杆的直径为 d，摩擦因数为 f_s。试求套钩不致下滑时人的重力 W 的作用线与电线杆中心的距离 l。

解 以套钩为研究对象，其受力如图 3-13b 所示，套钩在 A、B 两处都有摩擦，分析套钩平衡的临界状态，两处的摩擦力都达到最大值。列平衡方程即补充方程

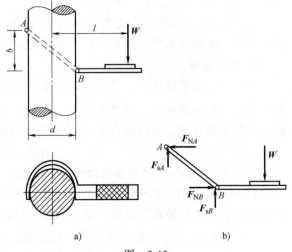

图 3-13

$$\sum F_x = 0, -F_{NA} + F_{NB} = 0$$
$$\sum F_y = 0, F_{sA} + F_{sB} - W = 0$$
$$\sum M_A(F) = 0, F_{NB}b + F_{sB}d - W\left(l + \frac{d}{2}\right) = 0$$

补充方程

$$F_{sA} = f_s F_{NA}, \quad F_{sB} = f_s F_{NB}$$

联立方程，求解得套钩不致下滑的临界条件为

$$l = \frac{b}{2f_s}$$

例 3-9 长 4m、重 200N 的梯子，斜靠在光滑的墙上，梯子与地面成 $\alpha = 60°$ 角，如图 3-14a 所示。梯子与地面的静滑动摩擦因数 $f_s = 0.4$，有一个重 600N 的人登梯而上，问他上到何处时梯子就要开始滑倒？

解 以梯子为研究对象，作受力图，如图

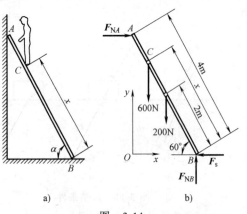

图 3-14

3-14b 所示，因梯子与墙光滑接触，故 A 点无摩擦力，梯子与地面摩擦因数不为零，所以 B 点有摩擦力 F_s。

设梯子将要滑动时，人站在 C 点，此时梯子处于临界平衡状态，令 $BC = x$，列平衡方程及补充方程

$$\sum F_x = 0, \quad F_{NA} - F_s = 0$$

$$\sum F_y = 0, \quad -600\text{N} - 200\text{N} + F_{NB} = 0$$

$$\sum M_B(\boldsymbol{F}) = 0, \quad -F_{NA} \times 4\text{m} \times \sin60° + 600\text{N} \times x \times \cos60° + 200\text{N} \times 2\text{m} \times \cos60° = 0$$

$$F_s = f_s F_{NB}$$

联立方程解得

$$x = 3.03\text{m}$$

章节小结

本章要求熟练掌握平面力系平衡问题的求解。其主要内容有：

1）平面一般力系的平衡方程

$$\left.\begin{array}{l} \sum F_x = 0 \\ \sum F_y = 0 \\ \sum M_O(\boldsymbol{F}) = 0 \end{array}\right\}$$

平面汇交力系的平衡方程

$$\left.\begin{array}{l} \sum F_x = 0 \\ \sum F_y = 0 \end{array}\right\}$$

平面平行力系的平衡方程

$$\left.\begin{array}{l} \sum F_x = 0 \left(\sum F_y = 0\right) \\ \sum M_O(\boldsymbol{F}) = 0 \end{array}\right\}$$

平面力偶系的平衡方程

$$\sum M_i = 0$$

2）利用平衡方程求解平衡问题的一般方法和步骤：选取适当的研究对象，画受力图、建立坐标系，列出平衡方程求解。

3）若物系中由 n 个物体组成，则最多可以列出 $3n$ 个独立的平衡方程。当系统中未知力的数目等于独立平衡方程的数目时，则所有未知数都能由平衡方程求出，这样的问题称为静定问题。若物系中未知力的数目多于平衡方程的数目时，未知力就不能全部由平衡方程求出，这样的平衡问题称为超静定问题。

4）物系的平衡问题一般有两种求解方法：逐个拆开，先整体后拆开。

5）滑动摩擦力作用于相互接触处，其方向与相对滑动趋势或相对滑动的方向相反。其临界状态下的最大值为 $F_{s\max} = f_s F_N$。

6）全约束力与法线间的夹角的最大值 φ_m 称为摩擦角，且 $\tan\varphi_m = f_s$。

7）全主力的作用线在摩擦角之内时，无论这个力有多大，物体都处于静止状态，这种现象称为自锁现象。

课后习题

3-1 什么是摩擦角? 自锁现象的条件是什么?

3-2 解释静定问题和超静定问题的概念, 并判断图 3-15 中各构件是哪种问题。

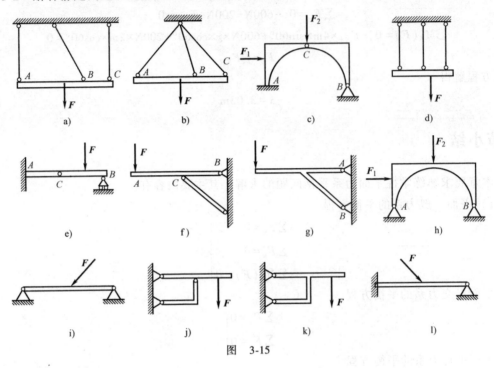

图　3-15

3-3 如图 3-16 所示, 已知 $q=4kN/m$, $a=1m$, $F=8kN$, $l=2m$, $M_0=6kN \cdot m$, 计算各处的约束力。

3-4 图 3-17 所示为一四杆机构 $ABCD$, 此时位置处于平衡状态。已知 $M=4N \cdot m$, $CD=0.4\sqrt{2}m$, 求平衡时作用在 AB 中点的力 F 大小以及 A、D 处的约束力。

3-5 图 3-18 所示为组合梁, 作用着均布载荷, 已知载荷集度 $q=10kN/m$, $a=2m$, 求固定端 A、铰支座 D 和中间铰链 C 的约束力。

3-6 图 3-19 所示的工件上作用有三个力偶。三个力偶的矩分别为 $M_1=M_2=10N \cdot m$, $M_3=20N \cdot m$, 固定螺柱 A 和 B 的距离 $l=200mm$, 求两个光滑螺柱所受的水平力。

3-7 如图 3-20 所示, 已知梁 AB 上的受力, 力偶矩为 M_0, 载荷集度为 q, 梁长为 l, 梁重不计。求支座 A 和 B 的约束力。

3-8 图 3-21 所示的三角支架由 AB 和 AC 两杆组成, A、B、C 三处都是铰接, A 点作用有铅垂力 G, 不计杆的自重, 求 AB 和 AC 杆所受的力。

3-9 图 3-22 所示的三铰拱, 由 AC 拱和 BC 拱铰接而成。已知载荷集度 $q=20kN/m$, $h=4m$, $l=8m$, 求支座 A、B 和中间铰链 C 的约束力。

3-10 如图 3-23 所示, 重物置于斜面上, 摩擦因数为 $f=0.2$, 求其满足自锁条件的临界倾角 α。

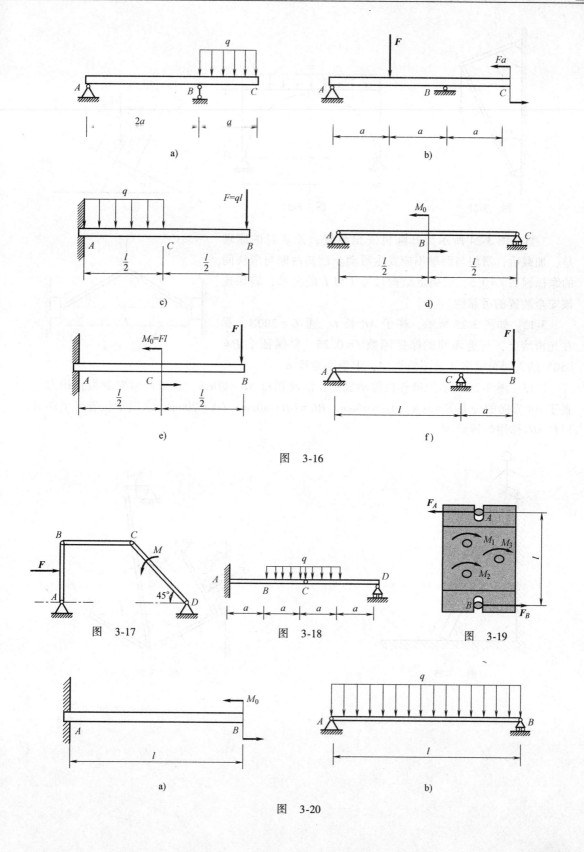

图 3-16

图 3-17

图 3-18

图 3-19

图 3-20

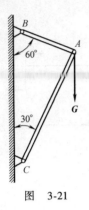

图 3-21

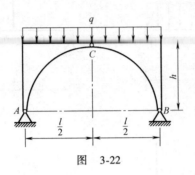

图 3-22

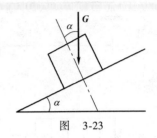

图 3-23

3-11 图 3-24 所示为升降机安全装置，该装置的原理是，加载后，滑块与两壁不应发生滑动。已知两壁与滑块间的摩擦因数 $f = 0.5$，试确定结构尺寸 l 与 L 的关系，以保证该安全装置的可靠性。

3-12 如图 3-25 所示，梯子 AB 长 L，重 $G = 200$N，靠在光滑墙上，与地面间的摩擦因数 $f = 0.25$。要保证重 $P = 650$N 的人爬至顶端 A 处不致滑倒，求最小角度 α。

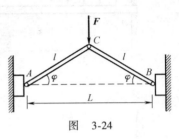

图 3-24

3-13 图 3-26 所示为破碎机传动机构，活动颚板 $AB = 80$cm，若破碎时对颚板作用力垂直于 AB 方向的分力 $F = 5$kN，$AH = 60$cm，$BC = CD = 80$cm，$OE = 20$cm，求图示位置时电动机对杆 OE 作用的转矩 M。

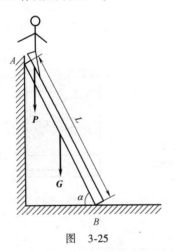

图 3-25

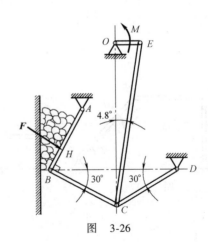

图 3-26

第4章

空间力系的平衡问题及其重心

知识导航

学习目标：在平面力系的基础上解决空间力系的平衡问题，利用公式求简单几何形状的重心。

重点：了解空间力系平衡问题的解决方法，熟悉重心公式。

难点：重心公式的应用。

4.1 空间力系的平衡问题

在实际生产中我们常常碰到一些空间力系的问题，比如齿轮传动轴上的受力问题，其力系往往是空间力系如图 4-1 所示，当空间力系平衡时，它在任意平面上的投影所组成的平面任意力系也是平衡的。

因而在工程中，常常将空间力系投影到三个坐标平面上，在各投影面上画出构件受力图的主视图、侧视图和俯视图，分别列出它们的平衡方程，同样可以解出所求的未知量。本章重点介绍的是轮轴类构件的平衡问题，其步骤为：

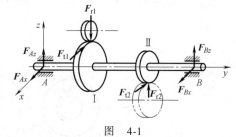

图　4-1

1）建立空间坐标系，做出各轴承的约束力。

2）作侧视图，求未知的主动力或主动力偶。若主动力或力偶为已知，则无须作该视图。

3）作主视图求铅垂方向的轴承约束力。

4）作俯视图求水平方向的轴承约束力。

例 4-1 如图 4-2 所示，带式输送机传动系统中的从动齿轮轴。已知齿轮 D 上的分度圆直径 $d=280\text{mm}$，轴的跨距 $L=105\text{mm}$，悬臂长度 $L_1=110.5\text{mm}$，圆周力 $F_t=1200\text{N}$，径向力 $F_r=460\text{N}$，不计自重，求轴承 A、B 的约束力和联轴器所受的转矩 M_T。

解　（1）取轮轴为研究对象，画受力图，如图 4-2a 所示，并以 A 点为原点建立空间坐标系。

（2）因为有转矩 M_T 未知，故作侧视图，如图 4-2b 所示，得到平面一般力系。由于未知量较多，只能列出力矩式求解出部分未知力：

$$\sum M_A(\boldsymbol{F}) = 0, M_T - F_t \cdot \frac{d}{2} = 0$$

解得　$M_T = 168000\text{N} \cdot \text{mm}$

（3）作主视图，如图4-2c所示，得到平面平行力系，列平衡方程并求解：

$$\sum F_z = 0, -F_{Az} + F_r - F_{Bz} = 0$$

$$\sum M_A(\boldsymbol{F}) = 0, F_r \cdot \frac{L}{2} - F_{Bz} \cdot L = 0$$

解得　$F_{Az} = 230\text{N}, F_{Bz} = 230\text{N}$

（4）作俯视图，如图4-2d所示，得到平面平行力系，列平衡方程并求解：

$$\sum F_x = 0, -F_{Ax} + F_t - F_{Bx} = 0$$

$$\sum M_A(\boldsymbol{F}) = 0, -F_t \cdot \frac{L}{2} + F_{Bx} \cdot L = 0$$

解得　$F_{Ax} = 600\text{N}, F_{Bx} = 600\text{N}$

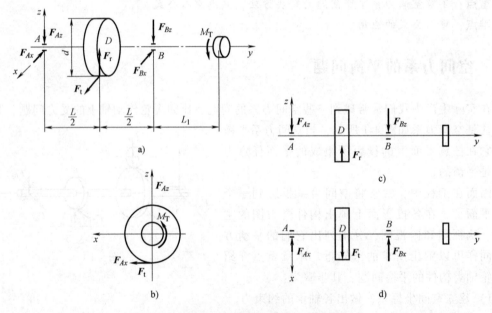

图4-2　轮轴类构件平衡问题的平面解法

a）轮轴空间受力图　b）侧视图（x-z平面）

c）主视图（y-z平面）　d）俯视图（x-y平面）

　　例4-2　如图4-3所示的转轴处于平衡状态，齿轮C的分度圆半径$R = 40\text{mm}$，齿轮上的圆周力$F_t = 3\text{kN}$，径向力$F_r = 1.1\text{kN}$，轴向力$F_a = 0.5\text{kN}$，D点的力$F = 1.8\text{kN}$，$AC = CB = 70\text{mm}$，$BD = 90\text{mm}$，求轴上的转矩T及两轴承的约束力。

　　解　（1）以A点为原点建立空间坐标系，如图4-3a所示，做出轴承的约束力。

　　（2）因转矩T未知，作侧视图，如图4-3b所示，得到平面一般力系。由于未知量较多，只能列出力矩式求解出部分未知力：

$$\sum M_A(\boldsymbol{F}) = 0, T - F_t \cdot R = 0$$

解得　$T = 120\text{N} \cdot \text{m}$

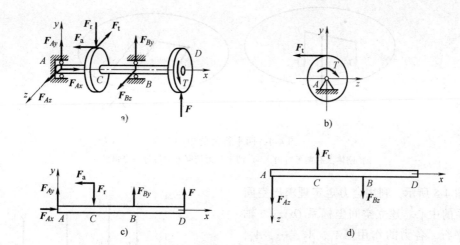

图 4-3　轮轴类构件平衡问题的平面解法

a）轮轴空间受力图　b）侧视图　c）主视图　d）俯视图

（3）作主视图，如图 4-3c 所示，得到平面一般力系，列平衡方程求未知力：

$$\sum F_x = 0, F_{Ax} - F_a = 0$$

$$\sum F_y = 0, F_{Ay} - F_r + F_{By} + F = 0$$

$$\sum M_A(\boldsymbol{F}) = 0, F_a \cdot R - F_r \cdot AC + F_{By} \cdot AB + F \cdot AD = 0$$

解得　$F_{Ax} = 0.5\text{kN}$，$F_{Ay} = 1.85\text{kN}$，$F_{By} = -2.55\text{kN}$

（4）作俯视图，如图 4-3d 所示，可忽略两轴向力，可到平面平行力系，列平衡方程求解：

$$\sum F_z = 0, F_{Az} - F_t + F_{Bz} = 0$$

$$\sum M_A(\boldsymbol{F}) = 0, F_t \times 70\text{mm} - F_{Bz} \times 140\text{mm} = 0$$

解得　$F_{Az} = 1.5\text{kN}$，$F_{Bz} = 1.5\text{kN}$

4.2　形心和重心

4.2.1　平行力系的中心

平行力系的中心是平行力系合力作用线通过的一个固定的点。设在刚体上的 A，B 两点作用两个平行力 F_1，F_2，如图 4-4 所示，将其合成，得合力矢为 $\boldsymbol{F}_R = \boldsymbol{F}_1 + \boldsymbol{F}_2$，合力的作用线与 F_1，F_2 平行，利用合力矩定理可以确定平行力系的中心位置。连接 A，B 两点，假设合力 $\boldsymbol{F}_R$ 的作用线通过 AB 上的 C 点，以 A 点为矩心，应用合力矩定理，则可得

$$\frac{F_2}{F_1} = \frac{AC}{CB}$$

若将原来各力绕其作用点转过同一角度，使它们保持相互平行，则合力 $\boldsymbol{F}_R$ 仍与各力平行，也绕 C 点转过相同的角度。这说明合力作用线的位置是确定的。

由此可知，平行力系合力作用点的位置仅与各平行力的大小和作用点的位置有关，而与各平行力的方向无关。称该点为此平行力系的中心。

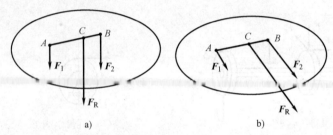

图 4-4   两平行力的中心

a）刚体上有两平行力   b）两平行力按同方向转过一定角度

如图 4-5 所示，利用合力矩定理求出空间平行力系的中心。建立空间坐标系 $Oxyz$，z 轴与各力平行。各力的作用点 A_1，A_2，$\cdots$，A_n，相对应的坐标分别为 $(x_1，y_1，z_1)$，$(x_2，y_2，z_2)$，$\cdots$，$(x_n，y_n，z_n)$。设平行力系的中心 C 点的坐标为 $(x_c，y_c，z_c)$，由合力矩定理得

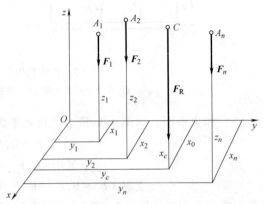

$$x_C=\frac{\sum F_i x_i}{F_R}，y_C=\frac{\sum F_i y_i}{F_R}，z_C=\frac{\sum F_i z_i}{F_R}$$

$$(4-1)$$

4.2.2   重心

图 4-5   平行力系的中心

在工程中，重心位置有着重要的意义。例如，起重机要正常工作，重心位置应满足一定的条件保证其不致倾翻；船舶重心位置将直接影响其稳定性；高速旋转机械中旋转件的重心若偏离了旋转轴线，将引起机械剧烈的振动等。因此，必须了解重心的概念和重心位置的求法。

地球半径很大，地表面物体是由许多微小部分组成的，这些微体受到地球的引力将组成一个空间力系，该空间力系可近似地认为是空间平行力系，此空间平行力系合力的中心即为物体的重心。

1. 物体的重心坐标公式

如图 4-6 所示，将物体分成若干微体，各微体所受的重力分别为 ΔG_1，ΔG_2，$\cdots$，ΔG_n，各力作用点的坐标分别为 $(x_1，y_1，z_1)$，$(x_2，y_2，z_2)$，$\cdots$，$(x_n，y_n，z_n)$，重心坐标用 $(x_C，y_C，z_C)$ 表示，仍然利用合力矩定理，则重心坐标的一般公式为

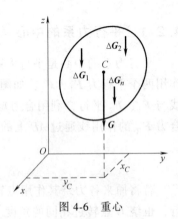

$$x_C=\frac{\sum \Delta G_i x_i}{G}，y_C=\frac{\sum \Delta G_i y_i}{G}，z_C=\frac{\sum \Delta G_i z_i}{G} \quad (4-2)$$

2. 均质物体的重心坐标公式

对于均质物体，设其密度为 ρ，整个物体的体积为 V，每个微体的体积为 ΔV_i，则物体的重力 G 和各微体的重力 ΔG_i 分别为

图 4-6   重心

$$G=\rho V g，\Delta G_i=\rho \Delta V_i g$$

代入重心的坐标公式，可得均质物体的重心坐标公式为

$$x_C = \frac{\sum \Delta V_i x_i}{V}, \quad y_C = \frac{\sum \Delta V_i y_i}{V}, \quad z_C = \frac{\sum \Delta V_i z_i}{V} \tag{4-3}$$

可见，均质物体的重心位置与质量无关，仅取决于物体的几何形状，故均质物体的重心就是物体几何形状的中心，也称为形心。

对于均质、等厚薄板，设其面积为 A，厚度为 h，每个微体的面积为 ΔA_i，则薄板的总体积 V 和各微体的体积 ΔV_i 分别为

$$V = Ah, \quad \Delta V_i = \Delta A_i h$$

代入均质物体的重心坐标公式，可得薄板或平面图形的形心坐标公式为

$$x_C = \frac{\sum \Delta A_i x_i}{A}, \quad y_C = \frac{\sum \Delta A_i y_i}{A} \tag{4-4}$$

3. 物体重心的计算方法

（1）对称法 若均质物体有对称面、对称轴或者对称中心，则物体的重心必相应地在这个对称面、对称轴或者对称中心上。如球体、圆形的重心就必在其球心、圆心上；正方体的重心在其对称中心上等。简单形状物体的重心可从工程手册上查到。表 4-1 列出了常见的几种简单形状物体的重心，便于求重心时应用。

表 4-1 常见的几种简单形状物体的重心

图形	重心位置	图形	重心位置
三角形 	在中线的交点，$y_C = \dfrac{1}{3}h$	梯形 	$y_C = \dfrac{h(2a+b)}{3(a+b)}$
圆弧 	$x_C = \dfrac{r\sin\varphi}{\varphi}$ 对于半圆弧， $x_C = \dfrac{2r}{\pi}$	弓形 	$x_C = \dfrac{2}{3}\dfrac{r^3 \sin^3\varphi}{A}$ 面积 A $A = \dfrac{r^2(2\varphi - \sin 2\varphi)}{2}$
扇形 	$x_C = \dfrac{2}{3}\dfrac{r\sin\varphi}{\varphi}$ 对于半圆， $x_C = \dfrac{4r}{3\pi}$	部分圆环 	$x_C = \dfrac{2}{3}\dfrac{(R^3 - r^3)\sin\varphi}{(R^2 - r^2)\varphi}$

（续）

图形	重心位置	图形	重心位置
二次抛物线面	$x_c = \dfrac{5}{8}a$ $y_c = \dfrac{2}{5}b$	二次抛物线面	$x_c = \dfrac{3}{4}a$ $y_c = \dfrac{3}{10}b$
正圆锥体	$z_c = \dfrac{1}{4}h$	正角锥体	$z_c = \dfrac{1}{4}h$
半圆球	$z_c = \dfrac{3}{8}r$	锥形筒体	$y_c = \dfrac{4R_1 + 2R_2 - 3t}{6(R_1 + R_2 - t)}L$

（2）组合法

1）分割法。若一个物体由几个简单形状的物体组合而成，而这些物体的重心是已知的，则整个物体的重心位置就可用式（4-4）求出。

例 4-3 图 4-7 所示为角钢横截面形状，试求其形心位置。图中尺寸单位为 mm。

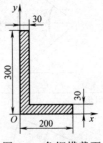

图 4-7 角钢横截面

解 建立坐标系，将图形分割为两个矩形，两个矩形的面积用 A_1，A_2 表示。两个矩形的形心坐标用 (x_1, y_1)，(x_2, y_2) 表示。则

$$A_1 = 300\text{mm} \times 30\text{mm} = 9000\text{mm}^2$$

$$x_1 = 15\text{mm}, y_1 = 150\text{mm}$$

$$A_2 = 170\text{mm} \times 30\text{mm} = 5100\text{mm}^2$$

$$x_2 = 115\text{mm}, y_2 = 15\text{mm}$$

按式（4-4）求得该截面的形心坐标为

$$x_C = \frac{\sum \Delta A_i x_i}{A} = \frac{A_1 x_1 + A_2 x_2}{A_1 + A_2} = 51.2\text{mm}$$

$$y_C = \frac{\sum \Delta A_i y_i}{A} = \frac{A_1 y_1 + A_2 y_2}{A_1 + A_2} = 101.2\text{mm}$$

故该截面的形心坐标为（51.2mm，101.2mm）。

2）负面积法。若在物体或薄板内切去一部分，需要求出余下部分物体的重心时，仍然可以用组合法，只是切去部分的面积应取为负值。

例 4-4　求图 4-8 所示平面图形的形心坐标。已知大圆的半径为 $R = 200\text{mm}$，小圆半径为 $r = 50\text{mm}$，中心距为 $a = 100\text{mm}$。

解　建立坐标系，将图形分割为大圆和小圆两部分，该图形关于 x 轴对称，故 $y_C = 0$。因小圆是切去的部分，故面积应取负值。两个圆形的面积用 A_1，A_2 表示，x_1，x_2 分别是 A_1，A_2 重心的坐标。则

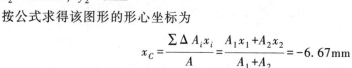

图 4-8　平面图形

$$A_1 = \pi R^2 = 3.14 \times (200\text{mm})^2 = 125600\text{mm}^2$$

$$x_1 = 0, \quad y_1 = 0$$

$$A_2 = -\pi r^2 = -3.14 \times (50\text{mm})^2 = -7850\text{mm}^2$$

$$x_2 = 100\text{mm}, \quad y_2 = 0\text{mm}$$

按公式求得该图形的形心坐标为

$$x_C = \frac{\sum \Delta A_i x_i}{A} = \frac{A_1 x_1 + A_2 x_2}{A_1 + A_2} = -6.67\text{mm}$$

所求图形的形心为（-6.67mm，0）。

对于形状复杂或质量分布不均匀的物体，很难用以上计算的方法求其重心，此时可用实验方法测定重心位置。

章节小结

本章的主要内容有：

1）空间力系的平衡问题主要是针对轮轴类构件的。解决方法通常先用投影法得到相应的三个视图即主视图、侧视图和俯视图，再利用平面平衡力系求解。

2）重心坐标公式。重心是物体各部分所受重力的合力的作用点。均质物体的重心即为形心。若物体为对称图形，则重心仍在对称轴、对称线或者对称中心线上。简单组合体的重心可用组合法求出。

课后习题

4-1　如图 4-9 所示，转轴 AB 处于平衡状态，其两齿轮 C、D 的分度圆半径分别为 $R_C = 0.1\text{m}$，$R_D = 0.05\text{m}$，圆周力 $F_{t1} = 3.58\text{kN}$，径向力 $F_{r1} = 1.3\text{kN}$，$F_{r2} = 2.6\text{kN}$，$AC = CD = DB = 0.1\text{m}$，求 D 轮上的圆周力及两轴承的约束力。

4-2　某匀速转动的转轴如图 4-10 所示，已知齿轮 A 直径 $D_A = 200\text{mm}$，受径向力 $F_{rA} = 3.46\text{kN}$，切向力 $F_{tA} = 10\text{kN}$ 作用，齿轮 C 直径 $D_C = 400\text{mm}$，受径向力 $F_{rC} = 1.82\text{kN}$，切向力

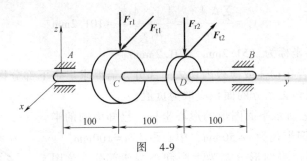

图 4-9

F_{tC} 作用，求 F_{tC} 及轴承的约束力。

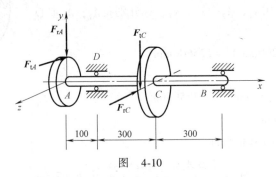

图 4-10

4-3 如图 4-11 所示某转轴，$AC = AD = DB = 200\text{mm}$，$C$ 轮直径 $d_1 = 50\text{mm}$，D 轮直径 $d_2 = 100\text{mm}$。带轮 C 上作用着铅垂力 F_1 和 F_2，轴匀速转动时 $F_2 = 2F_1$。D 轮上的力偶 $M = 50\text{N} \cdot \text{m}$，求力 F_1 和 F_2 的大小及两轴承的约束力。

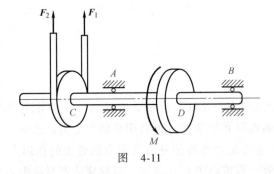

图 4-11

4-4 求图 4-12 所示 T 形截面的形心。

4-5 求图 4-13 所示偏心块的形心位置。已知 $R = 100\text{mm}$，$r = 13\text{mm}$，$b = 17\text{mm}$。

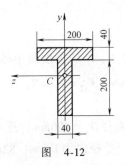

图 4-12

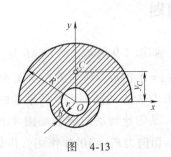

图 4-13

4-6　求图 4-14 所示平面图形的形心坐标。

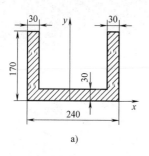

a)

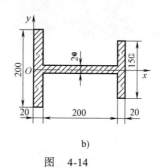

b)

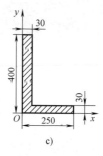

c)

图　4-14

下篇

材料力学

在前面各章中，我们将物体视为不发生变形的刚体，讨论其平衡问题。在材料力学中，我们研究的对象是变形体，属于固体力学的范畴。事实上，物体在力的作用下，或多或少总有变形发生，而且还可能发生破坏，因此，不仅要研究物体的受力，还要研究物体受力后的变形和破坏，以保证我们设计制造的产品或结构能实现预期的设计功能和正常工作。要研究固体的变形和破坏，就不能再接受刚体假设，而必须将物体视为变形固体。

第 5 章

材料力学的概述

知识导航

学习目标：了解材料力学的基本任务以及对变形固体的基本假设，掌握杆件变形的基本形式。

重点、难点：杆件变形的基本形式。

5.1 材料力学基本要求和任务

5.1.1 构件正常工作的基本要求

机械及工程结构中的基本组成部分，统称为构件。作用在其上边的外力通常称为载荷。如果在载荷的作用下构件发生过大的塑性变形直至破坏，或者是突然断裂的情况，像这种构件丧失正常工作能力的情况称为失效。为了保证机械或者结构物能够正常工作，就必须要求它的每个构件都能正常工作，也就是要有足够的承受载荷的能力（简称承载能力）。

构件的承载能力通常要满足以下三个基本要求。

1. 强度要求

该要求是指构件应有足够的抵抗破坏或者过大的塑性变形的能力。若构件破坏或者发生过大的塑性变形，必然就会影响其正常工作，如吊车的绳索不允许断裂，机床的主轴不允许折断等。所以，强度要求是构件正常工作的最基本的要求。

2. 刚度要求

该要求是指构件应有足够的抵抗弹性变形的能力。虽然在载荷的作用下，构件即使有足够的强度要求，但是若弹性变形过大，依然影响其正常工作。若齿轮轴发生过大的弹性变形时，就会影响齿轮间的啮合情况，加快齿轮的磨损，最后导致失效，缩短使用寿命，如图 5-1a 所示。当机床主轴发生过大的弹性变形时，会影响加工精度，如图 5-1b 所示，因此，构件除了要有足够的强度以外，还要有足够的刚度要求。

3. 稳定性要求

该要求是指构件应有足够的保持原有平衡形态的能力。例如：内燃机中挺杆（如图 5-2a所示），千斤顶中的顶杆（如图 5-2b 所示）。对于受压的细长杆，当压力较小时，受压杆件能够保持其直线平衡状态，但随着压力的增加，压杆会由原来的直线状态突然变弯，以致丧失工作能力，这种现象我们称为丧失稳定性，简称失稳。所以，对于这类受压细长

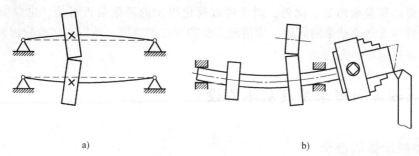

图 5-1　刚度不足导致变形过大的情况

a) 齿轮轴　b) 机床主轴

杆，必须要求它们具有在工作中始终保持原有的直线平衡状态的能力。

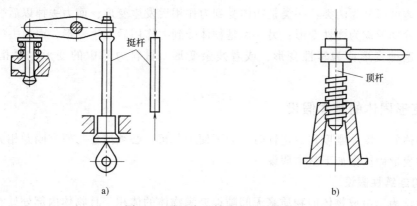

图 5-2　需具有足够稳定性的构件

a) 内燃机中的挺杆　b) 千斤顶中的顶杆

综上所述，强度、刚度和稳定性是保证构件正常工作的基本要求，是衡量构件承载能力的三个指标。

5.1.2　材料力学的任务

在工程问题中，一般来说，构件都要求具有足够的强度、刚度和稳定性，但是对于具体的构件往往有所侧重。例如，储气罐主要是要求保证足够的强度，车床主轴主要是要求具备一定的刚度，而受压的细长杆则要求保持稳定性。此外，对于某些特殊的构件，还可能有相反的要求。例如，为防止超载，当载荷超出某一极限时，安全销应立即破坏；为发挥缓冲作用，车辆的缓冲弹簧应有较大的变形。

为了满足构件在强度、刚度和稳定性三个方面的要求，达到安全、可靠的目的，必须为构件选择适当的材料、合理的截面形状和尺寸，同时还必须考虑经济性的原则。构件的安全与经济这两方面是互相矛盾的，材料力学为解决这一矛盾提供了理论基础。

材料力学的任务是在保证构件具有足够的强度、刚度和稳定性的基础上，以安全、经济为前提，为构件选择合适的材料、确定合理的截面形状和尺寸提供必要的计算方法和实验技术。

研究构件的强度、刚度和稳定性时，应了解材料在外力作用下所表现出来的力学性能，而力学性能要由实验来测定。此外，对于经过简化得出的理论是否可信，也要由实验来验证。还有一些尚无理论结果的问题，须借助实验的方法来解决。所以，实验分析和理论研究是材料力学解决问题的方法。

5.2 变形固体的概念及其基本假设

5.2.1 变形固体的概念

在静力学中，为方便研究物体在力系作用下的平衡状态，常将物体看成是刚体。但实际上物体受到力以后都会发生变形，只是变形量大小的问题。对于材料力学而言，研究的是构件的强度和刚度等的问题，所以变形是不可忽略的，这时就要求要把物体看成是可以变形的固体。

变形固体可以分为两类：一类是物体受到力作用后发生变形，而力去掉以后变形也会随着消失，这种变形称为弹性变形；另一类是物体受到力作用后发生变形，而力去掉以后变形不能消失，这种变形称为塑性变形，或者残余变形。材料力学中的变形主要指的是弹性变形。

5.2.2 变形固体的基本假设

研究物体的强度、刚度和稳定性时，为了便于分析，必须抓住与研究问题相关的主要因素，因此对变形固体做如下基本假设。

1. 均匀连续性假设

该假设认为，组成物体的物质毫无间隙地充满物体的体积，且物体内部处处有相同的力学性能。实际上，组成物体的分子间存在着间隙，但是这种间隙的大小与构件的尺寸相比极其微小，可以忽略不计。于是就认为物体在整个体积内部是均匀的、连续的。

2. 各向同性假设

该假设认为，无论沿任何方向，物体的力学性能都是相同的，强调的是方向性。工程中使用的大多数材料，如金属材料、玻璃和塑料等，都可以看成是各向同性材料。

沿不同方向力学性能不同的材料，称为各向异性材料，如木材、胶合板等。

3. 小变形和弹性变形假设

材料力学只限于研究物体的小变形和弹性变形假设。小变形是指构件在外力作用下所产生的变形与构件本身的尺寸相比一般都是非常微小的。弹性变形是指引起构件变形的外力撤销以后能够完全消失的变形。因此，在研究构件的强度和刚度等问题时，均按构件原来的尺寸计算。工程材料中的变形，一般都属于弹性范围以内的小变形。

综上所述，材料力学是将构件的材料看作是均匀连续的、各向同性的小变形固体。

5.3 杆件变形的基本形式

在机械或者工程结构中，构件的形式是多种多样的，但最常见的是杆件。所谓杆件，是指长度方向的尺寸远远大于横向尺寸的构件。若轴线为直线，且各横截面都是相同的，则称为等截面直杆，简称为等直杆；否则为变截面杆。

杆件在受到力作用后发生的变形是多种多样的，其基本形式有下列四种，如图 5-3 所示。

1. 轴向拉伸或压缩

其变形特点是杆件在轴线方向发生伸长或缩短。

2. 剪切

其变形特点是杆件横截面间发生相对错动。

3. 扭转

其变形特点是杆件的横截面绕其轴线发生相对转动。

4. 弯曲

其变形特点是杆件的轴线由直线变为曲线。

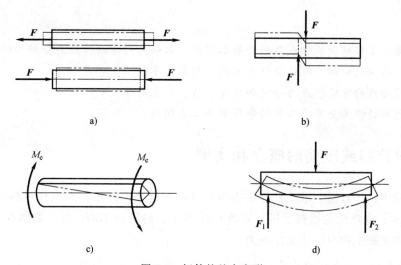

图 5-3　杆件的基本变形
a）轴向拉伸或压缩　b）剪切　c）扭转　d）弯曲

章节小结

本章的主要内容有：

1）材料力学的任务就是研究构件的强度、刚度和稳定性。

强度是指构件抵抗破坏的能力；刚度是指构件抵抗弹性变形的能力；稳定性是指构件维持其原有平衡状态的能力。

2）材料力学的基本假设是均匀连续性假设、各向同性假设和弹性小变形假设。

3）杆件变形的基本形式有轴向拉伸或压缩、剪切、扭转和弯曲四种。

课后习题

5-1　什么是强度、刚度和稳定性？

5-2　材料力学的研究对象是什么？有哪些基本假设？

5-3　材料力学主要研究的对象是哪类构件？杆件的基本变形形式有哪几种？

第6章

轴向拉伸或压缩

知识导航

学习目标：掌握轴向拉伸或压缩的基本概念、求轴力的方法、应力分析和计算方法、胡克定律、杆件的强度校核，以及材料力学性能的基本参数。

重点：求轴力的方法，应力分析和计算方法，胡克定律。

难点：利用杆件安全正常工作的条件解决三类问题。

6.1 轴向拉伸或压缩的概念和实例

生产实践中，经常遇到承受拉伸或压缩的杆件。例如，液压传动机构中的活塞杆受拉，如图 6-1a 所示；内燃机的连杆受压，如图 6-1b 所示；悬臂吊车的拉杆，如图 6-1c 所示；千斤顶的螺杆在顶起重物时，承受压缩力。

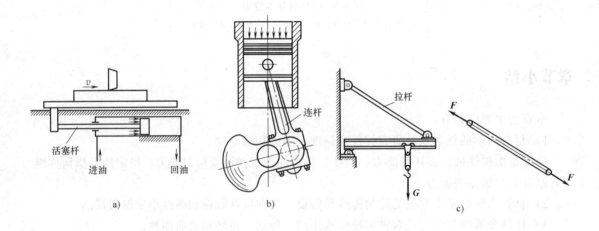

图 6-1 轴向拉伸或压缩的实例

a）液压传动中的活塞杆 b）内燃机的连杆 c）悬臂吊车

这些受拉或受压的杆件虽然外形各有差异，加载方式也并不相同，但它们的共同特点是：作用于杆件上的外力（或外力的合力）的作用线与杆件轴线重合。其主要变形是轴向伸长或缩短。这种变形形式称为轴向拉伸或压缩，此类杆件称为拉杆或压杆。

6.2　轴向拉伸或压缩时横截面上的内力

6.2.1　内力的概念

物体受到外力作用时将产生变形，其内部各点间的相对位置发生变化，从而产生抵抗变形的作用力，这个作用力称为内力。也就是说，材料力学研究的内力是由外力产生的，内力将随着外力的变化而变化。外力增大，内力也增大；外力减小，内力也减小；外力去掉，内力消失。

内力的分析和计算是材料力学解决构件强度、刚度和稳定性问题的基础，必须重视。

6.2.2　轴向拉伸或压缩时横截面上的内力

为了显示杆件横截面的内力，需用截面法把杆件分成两部分。截面法是材料力学用以显示和计算杆件内力的基本方法。

如图 6-2 所示，两端受拉力 F 作用的杆件，为了求任一横截面 m—m 上的内力，应用截面法。其步骤如下：

1）假想一平面与杆件轴线垂直，在 m—m 截面处将杆件截开，分成左、右两部分。

2）取其中一部分为研究对象，画出作用于该部分的外力和横截面上的内力。

3）求该横截面上的内力。内力的大小等于截面一侧所有外力的代数和，若外力的方向背离截面，则取正号；若外力的方向指向截面，则取负号。

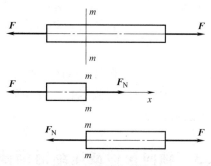

图 6-2　截面法求轴力

因为外力 F 的作用线与杆件轴线重合，内力的合力 F_N 的作用线也必然与杆件的轴线重合，所以 F_N 称为轴力。习惯上，把拉伸时的轴力规定为正，压缩时的轴力规定为负。当轴力的方向未知时，轴力一般按正向假设。

在实际问题中，杆件所受的外力可能很复杂，这时杆件各横截面上的内力将不相同。为了能够形象、直观地观察截面上的轴力沿轴线变化的情况，用平行杆件轴线的坐标表示横截面的位置，再取垂直的坐标表示横截面上的轴力，这样绘出的轴力与截面位置的关系图形，称为轴力图。关于轴力图的绘制用例题说明。

例 6-1　直杆受力如图 6-3a 所示。已知 $F_1 = 16\text{kN}$，$F_2 = 10\text{kN}$，$F_3 = 20\text{kN}$，作出直杆 AD 的轴力图。

解　（1）利用平衡方程求支座反力，得

$$F_D = 14\text{kN}$$

（2）B 处和 C 处作用有外力，用截面法取如图 6-3b、c、d 所示的研究对象后，得

$$F_{N1} = 16\text{kN}$$

$$F_{N2} = 6\text{kN}$$

$$F_{N3} = -14\text{kN}$$

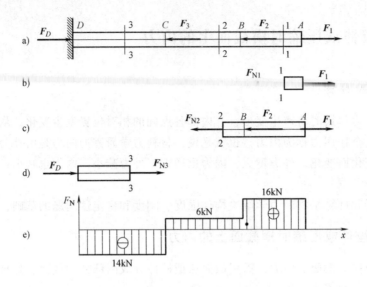

图 6-3　直杆 AD

a）直杆受力　b）截取 1 为研究对象　c）截取 2 为研究对象

d）截取 3 为研究对象　e）直杆轴力图

其中 F_{N3} 为负值，表明该截面上轴力的实际方向与图中所假设的方向相反，杆件受压缩。

（3）画出轴力图，如图 6-3e 所示。由轴力图可看出，最大的轴力 $F_{Nmax} = 16kN$，发生在 AB 段内。

6.3　轴向拉伸或压缩时横截面上的应力

6.3.1　应力的概念

在利用截面法确定了轴力之后，杆件的强度问题仍不能解决。例如，同一材料制成粗细不同的两根直杆，在相同的拉力下，显然两杆的轴力是相同的，但随着拉力的增大，较细的杆必然先被拉断。这是由于横截面面积较小的杆，内力在横截面上分布的密集程度较大造成的。所以，杆件的强度问题不仅和轴力有关，而且还和横截面面积有关。通常将横截面上内力的密集程度（简称集度）称为应力。

为了表示横截面上某点处的应力，如图 6-4a 所示，在横截面 m—m 上任取一点 O，在该点的周围取微小面积 ΔA，假设在面积 ΔA 上分布内力的合力为 ΔF，ΔF 的大小和方向与 O 点的位置和 ΔA 的大小有关，则 ΔF 与 ΔA 的比值为

$$p_m = \frac{\Delta F}{\Delta A}$$

式中，p_m 是一个矢量，代表在 ΔA 范围内，单位面积上内力的平均集度，称为平均应力，随着 ΔA 的逐渐缩小，p_m 的大小和方向也将逐渐变化。当 ΔA 趋于零时，p_m 的大小和方向都将趋于一定的极限，即

$$p = \lim_{\Delta A \to 0} p_m = \lim_{\Delta A \to 0} \frac{\Delta F}{\Delta A}$$

式中，p 称为 O 点的应力，反映内力系在 O 点的强弱程度。它是一个矢量，一般来说既不与截面垂直，也不与截面相切。通常将其分解为与截面垂直的分量 R 和与截面相切的分量 τ，如图 6-4 所示。R 称为正应力，τ 称为切应力。

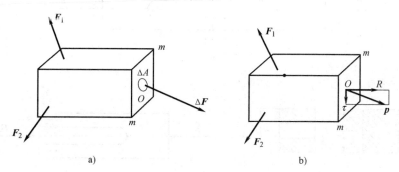

图 6-4　应力的概念

a）杆件的受力　b）正应力 R 和切应力 τ

在我国法定计量单位中，应力的单位是 Pa（帕），$1Pa = 1N/m^2$。由于这个单位太小，使用不便，通常使用 MPa 和 GPa。其换算关系为 $1MPa = 10^6 Pa$，$1GPa = 10^9 Pa$。

6.3.2　横截面上的应力

在拉压杆的横截面上，与轴力 F_N 对应的应力是正应力 R，为了求得 R 的分布规律，应从研究杆件的变形入手。如图 6-5 所示，变形前在等直杆的表面画上与轴线垂直的横向直线 ab 和 cd，拉伸变形后，发现 ab 和 cd 仍为直线，且仍垂直于轴线，只是分别平行地移至 $a'b'$ 和 $c'd'$。

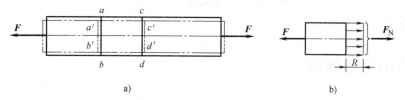

图 6-5　受拉杆件的受力

a）等截面直杆受力及变形　b）横截面的应力

根据这一现象，可以假设：变形前原为平面的横截面，变形后仍保持为平面，且仍垂直于轴线。这个假设称为平面假设。由此可推断出，拉杆所有纵向纤维的伸长量是相等的。由于材料是均匀的，它们的变形相等和力学性能相同，可以推想各纵向纤维的受力是一样的。所以，横截面上各点的正应力 R 相等，即正应力均匀分布于横截面上。其方向与横截面上的轴力 F_N 一致。其计算公式为

$$R = \frac{F_N}{A} \tag{6-1}$$

式中，R 为横截面上的正应力；F_N 为横截面上的轴力；A 为横截面面积。

正应力的正负号与轴力的正负号一致，一般规定拉应力为正，压应力为负。

例 6-2 如图 6-6a 所示的直杆，受载荷 $F = 30\text{kN}$，已知，横截面 1—1 的面积 $A_1 = 500\text{mm}^2$，横截面 2—2 的面积 $A_2 = 300\text{mm}^2$，试求杆内最大正应力。

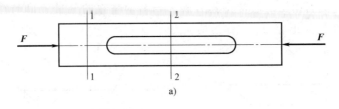

a)

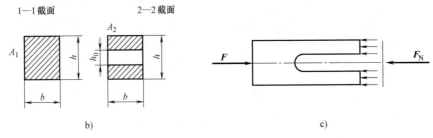

1—1截面   2—2截面

b)   c)

图 6-6 开槽直杆

a) 开槽直杆 b) 剖面 c) 应力

解 （1）计算轴力 F_N：用截面法求得杆件各横截面上的轴力均为

$$F_N = -F = -30\text{kN}$$

（2）计算最大应力：由于整个杆件的轴力都相同，那么最大的正应力发生在面积最小的横截面处，则杆内最大的应力为

$$R_{max} = \frac{F_N}{A_2} = -\frac{30 \times 10^3 \text{N}}{300 \text{mm}^2} = -100\text{MPa}$$

负号表示该最大正应力为压应力。

6.4 材料的力学性能

在分析构件的强度时，除了计算应力外，还应了解材料的力学性能。材料的力学性能是指材料在外力作用下表现出的抵抗变形、破坏等方面的特性。它主要由试验来测定。这里主要介绍材料在常温、静载下的力学性能。

工程中的材料种类有很多。常用的材料根据其性能可分为塑性材料和脆性材料两大类，其中低碳钢和铸铁是这两种材料的典型代表。下面就以这两种材料介绍拉伸和压缩时所表现出的力学性能。

6.4.1 低碳钢拉伸时的力学性能

1. 低碳钢拉伸时的应力-延伸率图

低碳钢是指碳的质量分数在 0.25% 以下的碳素钢。这类钢材在工程中使用较广，在拉伸试验中所表现出的力学性能较为全面，因此通常以低碳钢来研究材料在拉伸时的力学性能。

由于材料的某些性质与试样的形状、尺寸有关，为了使不同材料的试验结果能相互比较，国家标准《金属材料　拉伸试验　第 1 部分：室温试验方法》（GB/T 228.1—2010）规定了标准试样的形状和尺寸。在试样上取长为 L_o 的一段（见图 6-7）作为试验段，L_o 称为原始标距。

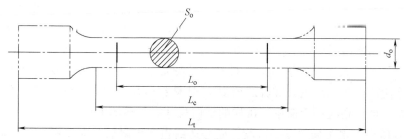

图 6-7　拉伸试样

试样装在试验机上，受到缓慢增加的拉力作用，对应着每一个拉力 F，试样标距 L_o 有一个伸长量 ΔL。表示 F 和 ΔL 的关系的曲线称为 F-ΔL 曲线，如图 6-8a 所示。F-ΔL 曲线与试样的尺寸有关，为了消除试样尺寸的影响，把拉力 F 除以试样横截面的原始面积 S_o，得到正应力 R；同时，把伸长量 ΔL 除以标距的原始长度 L_o，得到延伸率 e。以正应力 R 为纵坐标，延伸率 e 为横坐标，作图表示 R 与 e 的关系称为应力-延伸率图或 R-e 曲线，如图 6-8b 所示。

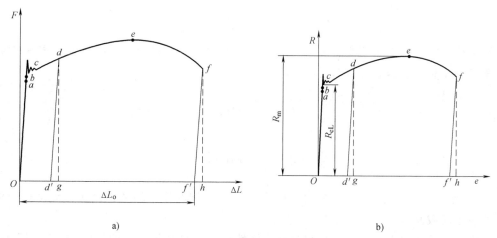

图 6-8　低碳钢拉伸 R-e 曲线

a）力-伸长量曲线图　b）应力-延伸率曲线图

由试验结果可得，低碳钢的 R-ε 曲线大致可分为四个阶段：

（1）弹性阶段　在拉伸的初始阶段，应力 R 与延伸率 e 的关系是斜直线 Oa，表示在这一阶段内，应力与延伸率是成正比的，即 $R \propto e$。直线部分的最高点 a 所对应的应力称为比例极限。超过比例极限后，从 a 点到 b 点，R 与 e 之间的关系不再是直线，但将外力卸去后，变形仍可完全消失，这种变形称为弹性变形。b 点所对应的应力称为弹性极限。在 R-e 曲线上，a，b 两点非常接近，所以工程上对弹性极限和比例极限并不严格区分。

在应力大于弹性极限后，如再解除拉力，则试样变形的一部分随之消失，这是弹性变形。但还遗留下一部分不能消失的变形，这种变形称为塑性变形或残余变形。

（2）屈服阶段 当应力超过 b 点增大到某一数值时，应变有非常明显的增加，而应力先是下降然后做微小的波动，在 R-e 曲线上出现接近水平线的小锯齿形线段。这种应力基本保持不变，而应变显著增加的现象，称为屈服。当金属材料呈现屈服现象时，在试验期间达到塑性变形发生而力不增加的应力点。应区分上屈服强度 R_{eH} 和下屈服强度 R_{eL}。

上屈服强度 R_{eH} 是指试样发生屈服而力首次下降前的最大应力；下屈服强度 R_{eL} 是指在屈服期间，不计初始瞬时效应时的最小应力。

（3）强化阶段 过了屈服阶段后，材料抵抗变形的能力有所恢复，这种现象称为材料的强化。强化阶段中的最高点 e 所对的应力 R_m 是材料所能承受的最大应力，称为材料的强度极限或抗拉强度。在这一阶段中，试样的横向尺寸有明显的缩小。

（4）缩颈阶段 也称局部变形阶段。应力达到强度极限后，在试样的某一局部范围内，横向尺寸突然急剧缩小，形成缩颈现象。如图 6-9a 所示在缩颈部分横截面面积迅速减小，使试样继续伸长所需要的拉力也相应减少，最终试样被拉断。

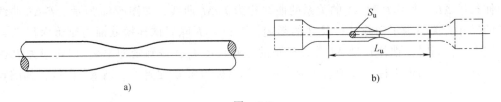

图 6-9

a）缩颈现象 b）拉伸试样的伸长

试样被拉断后，弹性变形消失了，保留了塑性变形。工程中常用断后伸长率 A 和断面收缩率 Z 两个指标来衡量材料的塑性。即

$$A = \frac{L_u - L_o}{L_o} \times 100\%$$

$$Z = \frac{S_o - S_u}{S_o} \times 100\%$$

式中，L_o 是原来的标距；L_u 是拉断后的标距；S_o 是试样的原始横截面面积；S_u 是拉断后缩颈处的最小横截面面积，如图 6-9b 所示。

工程上通常把伸长率 $A \geqslant 5\%$ 的材料称为塑性材料，如碳钢、黄铜、铝合金等；把 $A < 5\%$ 的材料称为脆性材料，如灰铸铁、玻璃、陶瓷等。

2. 卸载定律及冷作硬化

如果把试样拉伸到强化阶段任一点 d，如图 6-8b 所示，然后逐渐卸载拉力，应力和延伸率关系将沿着斜直线 dd' 回到 d' 点。斜直线 dd' 近似地平行于 Oa。这说明，在卸载过程中，应力和延伸率按直线规律变化，这就是卸载定律。$d'g$ 表示消失的弹性变形，Od' 表示残余的塑性变形。

卸载后再重新加载，此时 R-e 曲线大致沿着卸载时的斜直线 dd' 上升至 d 点，又沿原来的曲线 def 变化，最终被拉断，如图 6-8b 所示。由此可见，在第二次加载时，材料的比例极限得到了提高，但塑性变形和伸长率却有所降低，这种现象称为冷作硬化。

工程上常用冷作硬化来提高材料的弹性阶段。例如，起重用的钢索和建筑用的钢筋，常用冷拔工艺来提高强度。但由于冷作硬化使材料变脆变硬，给下一步加工造成困难，且容易产生裂纹，因此常需要在工序之间安排退火，以消除冷作硬化的影响。

6.4.2　铸铁及其他金属材料拉伸时的力学性能

1. 铸铁拉伸时的力学性能

铸铁拉伸时的应力-延伸率关系是一段微弯曲线，如图 6-10 所示。曲线没有明显的直线部分，也没有屈服和缩颈现象，拉断前的应变很小，伸长率也很小，在较小的拉应力下就被拉断。拉断时的最大应力即为强度极限 R_m。因为没有屈服现象，强度极限 R_m 是衡量强度的唯一指标。铸铁的断后伸长率 A 通常只有 0.5%~0.6%，是典型的脆性材料。脆性材料的抗拉强度很低，所以不宜作为抗拉零件的材料。

2. 其他金属材料拉伸时的力学性能

工程中常用的塑性材料，除了低碳钢外，还有锰钢、硬铝和退火球墨铸铁等。图 6-11 所示是几种塑性材料的应力-延伸率曲线。其中，锰钢、硬铝和退火球墨铸铁没有明显的屈服阶段。各类碳素钢中，随含碳量的增加，屈服极限和强度极限相应提高，但伸长率降低。例如，合金钢、工具钢等高强度钢材，屈服极限较高，但塑性性能较差。

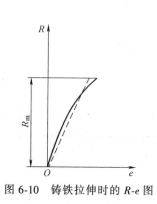

图 6-10　铸铁拉伸时的 R-e 图

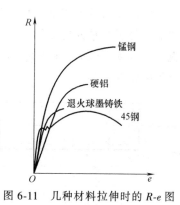

图 6-11　几种材料拉伸时的 R-e 图

6.4.3　材料压缩时的力学性能

金属材料的压缩试样一般制成很短的圆柱，以免被压弯，圆柱高度约为直径的 1.5~3 倍。混凝土、石料等则制成立方体的试块。

图 6-12 所示为低碳钢压缩时的 R-e 曲线，图中虚线是为了便于比较而绘制出的拉伸的 R-e 曲线。从图中可以看出，在弹性阶段和屈服阶段，两曲线是重合的。进入强化阶段后，两曲线逐渐分离，压缩曲线上升。屈服极限以后，试样越压越扁，横截面面积不断增大，试样抗压能力也继续增高，因而得不到压缩时的强度极限。

图 6-13 所示为铸铁压缩时的 R-e 曲线，可以看出，试样依然是在较小的变形下突然破坏的，破坏截面的法线与轴线大致成 45°~55° 的倾角，表明试样沿斜截面因相对错动而破坏。铸铁的抗压强度比它的抗拉强度高 4~5 倍。脆性材料抗拉强度低，塑性性能差，但抗压能力强，且价格低廉，宜于作为抗压构件的材料。

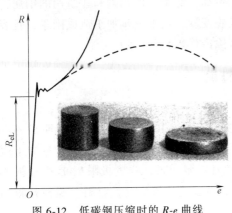

图 6-12　低碳钢压缩时的 $R\text{-}e$ 曲线

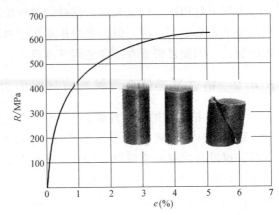

图 6-13　铸铁压缩时的 $R\text{-}e$ 曲线

6.5　轴向拉伸或压缩时的变形

6.5.1　线延伸率

　　直杆在轴向拉力的作用下，将引起轴向尺寸的增大和横向尺寸的缩小。反之，在轴向压力的作用下，将引起轴向尺寸的缩短和横向尺寸的增大。如图 6-14 所示，设杆件变形前的长度和直径分别为 l 和 d，杆件变形后的长度和直径分别为 L_1 和 d_1。则杆件在轴线方向和横向方向发生的改变量为

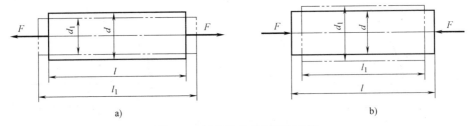

图 6-14　杆件的轴向和横向变形

a）拉伸　b）压缩

$$\Delta l = l_1 - l$$

$$\Delta d = d_1 - d_o$$

式中，Δl 称为纵向绝对变形；Δd 称为横向绝对变形。

　　为了消除杆件原尺寸对变形大小的影响，将绝对变形量除以杆件的初始尺寸，得到的是单位长度内的变形，称为线延伸率，用 e 表示。则

$$e = \frac{\Delta l}{l}$$

$$e_1 = \frac{\Delta d}{d}$$

式中，e 为纵向线延伸率，e_1 为横向线延伸率。线延伸率是量纲为一的量，其正负号与绝对变形相同。

试验结果表明：当应力不超过比例极限时，横向线延伸率 e_1 与轴向线延伸率 e 之比的绝对值是一个常数。即

$$\left| \frac{e_1}{e} \right| = \mu$$

式中，μ 称为横向变形因数或泊松比，也是材料固有的弹性常数，是一个量纲为一的量。表 6-1 中摘录了几种常用材料的 μ 值。

因为当杆件轴向伸长时横向缩小，而轴向缩短时横向增大，所以 e_1 和 e 的符号是相反的。即

$$e_1 = -\mu e$$

6.5.2　胡克定律

工程中使用的大多数材料，其应力和应变的关系在初始阶段都是线弹性的。由低碳钢的试验可知，当应力不超过材料的比例极限时，应力和延伸率是成正比的，这就是胡克定律。可写成

$$R = Ee \tag{6-2}$$

式中，E 为材料的弹性模量，它的单位和应力的单位相同。几种常用材料的 E 值已列入表 6-1 中。

表 6-1　几种常用材料的 E 和 μ 的约值

材料名称	E/GPa	μ
碳钢	196~216	0.24~0.28
合金钢	186~206	0.25~0.30
灰铸铁	78.5~157	0.23~0.27
铜及其合金	72.6~128	0.31~0.42
铝合金	70	0.33

将 $e = \dfrac{\Delta l}{l}$，$R = \dfrac{F_N}{A}$ 代入式 (6-2) 中，可得胡克定律的另一表达式，即

$$\Delta l = \frac{F_N l}{EA} \tag{6-3}$$

该式表示：当应力不超过比例极限时，杆件的伸长量 Δl 与轴力 F_N 和杆件原来的长度 l 成正比，与横截面积 A 成反比。对于长度相同、受力相等的杆件，EA 越大则变形 Δl 越小，所以 EA 称为杆件的抗拉（压）刚度。

例 6-3　如图 6-15 所示的阶梯轴，其受力如图所示，已知横截面面积分别为 $A_{CD} = 200\ \mathrm{mm}^2$，$A_{AB} = A_{BC} = 400\mathrm{mm}^2$，各段

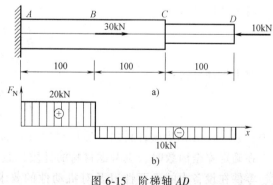

图 6-15　阶梯轴 AD

a）阶梯轴　b）杆的轴力图

长度为 $AB = BC = CD = 100\mathrm{mm}$，弹性模量 $E = 200\mathrm{GPa}$，试画出阶梯轴的轴力图，并求出整个阶梯轴的总变形量。

解 （1）画轴力图：用截面法截取截面后，求得

$$F_{NCD} = F_{NBC} = -10\text{kN}$$

$$F_{NAB} = 20\text{kN}$$

画出阶梯轴的轴力图，如图 6-15b 所示。

（2）计算各段的变形量：

$$\Delta l_{AB} = \frac{F_{NAB} l_{AB}}{E A_{AB}} = \frac{20\text{kN} \times 100\text{mm}}{200\text{GPa} \times 400\text{mm}^2} = 0.025\text{mm}$$

$$\Delta l_{BC} = \frac{F_{NBC} l_{BC}}{E A_{BC}} = \frac{-10\text{kN} \times 100\text{mm}}{200\text{GPa} \times 400\text{mm}^2} = -0.0125\text{mm}$$

$$\Delta l_{CD} = \frac{F_{NCD} l_{CD}}{E A_{CD}} = \frac{-10\text{kN} \times 100\text{mm}}{200\text{GPa} \times 200\text{mm}^2} = -0.025\text{mm}$$

（3）计算总变形量：总变形量等于各段变形量的代数和。

$$\Delta l_{总} = \Delta l_{AB} + \Delta l_{BC} + \Delta l_{CD} = 0.025\text{mm} - 0.0125\text{mm} - 0.025\text{mm} = -0.0125\text{mm}$$

总变形量为负值，说明整个阶梯轴的总变形为压缩变形，即缩短。

6.6 轴向拉伸或压缩时杆件的强度条件

6.6.1 失效和安全因数

由材料的力学性能可知，塑性材料的破坏行为是屈服，脆性材料的破坏行为是断裂。当构件发生过大塑性变形或断裂而不能正常工作的情况称为失效。把构件不能正常工作时的应力称为极限应力。塑性材料到达屈服时的应力是屈服强度 R_{eL}，脆性材料断裂时的应力是抗拉强度 R_m，这两者都是构件失效时的极限应力。

为了保证构件有足够的强度，在载荷作用下构件的实际应力 R（也称工作应力）要低于极限应力。在强度计算中，一般把极限应力除以大于 1 的安全因数 n，所得结果称为许用应力 $[R]$。

对于塑性材料：

$$[R] = \frac{R_{eL}}{n_s}$$

对于脆性材料：

$$[R] = \frac{R_m}{n_b}$$

式中，n_s、n_b 分别为塑性材料、脆性材料对应的安全因数。

在确定安全因数时，应考虑材料的性质、载荷情况、构件简化过程和计算方法的精确程度、零件在设备中的重要性以及对机动性的要求等因素。一般机械制造中，在静载的情况下，对塑性材料可取 $n_s = 1.2 \sim 2.5$，脆性材料可取 $n_b = 2 \sim 3.5$。

6.6.2 轴向拉伸或压缩时杆件的强度计算

在拉（压）杆强度计算中，把许用应力 $[R]$ 作为构件工作应力的最高限度，所以要保

证构件安全正常工作，必须使构件的最大工作应力 R_{max} 不超过许用应力 $[R]$，即

$$R_{max} = \frac{F_N}{A} \leq [R] \qquad (6-4)$$

式中，R_{max} 为危险截面的应力；F_N 为危险截面的轴力；A 为危险截面的面积。式（6-4）是拉（压）杆的强度条件。

利用强度条件可以解决三种强度计算问题：

（1）强度校核　若杆件的尺寸、所受载荷和材料的许用应力已知，则根据式（6-4）可校核杆件是否满足强度条件。

（2）截面设计　已知杆件所受载荷和材料的许用应力，可确定杆件所需的最小横截面面积 A，即

$$A \geq \frac{F_N}{[R]}$$

（3）确定许可载荷　已知杆件的横截面尺寸及材料的许用应力，可确定最大的许可载荷 F_N，即

$$F_N \leq A[R]$$

例 6-4　一总重力为 $P = 1.2kN$ 的电动机，采用 M8 吊环螺钉，已知大径 $d = 8mm$，小径 $d_1 = 6.4mm$，如图 6-16 所示，其材料是 Q235，许用应力 $[R] = 40MPa$，试校核螺纹部分的强度。

解　吊环螺纹部分的轴力 $F_N = P = 1.2kN$，危险截面在螺纹牙根处，其面积是由小径确定的，按强度条件得

$$R_{max} = \frac{F_N}{A} = \frac{1.2 \times 10^3 N}{\pi \times \left(\frac{6.4mm}{2}\right)^2} = 37.3MPa < [R]$$

故吊环螺钉是安全的。

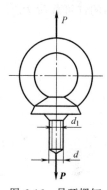

图 6-16　吊环螺钉

例 6-5　铸工车间吊运铁液包的吊杆横截面尺寸，如图 6-17 所示。吊杆材料的许用应力 $[R] = 80MPa$，铁液包自重为 8kN，最多能容纳 40kN 重的铁液，试校核吊杆的强度。

解　因总载荷由两根吊杆来承担，所以每根吊杆的轴力为

$$F_N = \frac{40kN + 8kN}{2} = 24kN$$

吊杆横截面上的应力为

$$R_{max} = \frac{F_N}{A} = \frac{24 \times 10^3 N}{25mm \times 50mm} = 19.2MPa < [R]$$

故吊杆满足强度条件。

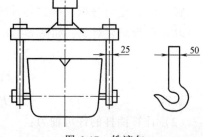

图 6-17　铁液包

例 6-6　某冷镦机的曲柄滑块机构如图 6-18a 所示，镦压时连杆 AB 接近水平位置，镦压力 $F = 3870kN$，如图 6-18b 所示。连杆横截面为矩形，高与宽之比 $h/b = 1.4$，材料的许用应力 $[R] = 90MPa$（考虑了工作时有冲击作用，许用应力适当降低），试设计横截面尺寸 h 和 b。

解 由于镦压时连杆接近于水平位置，所受压力近似等于墩压力 F，则轴力为

$$F_N = F = 3870 \text{kN}$$

本题是解决强度问题中的第二类问题，设计截面，所以

$$A \geq \frac{F_N}{[R]} = \frac{3870 \times 10^3 \text{N}}{90 \text{MPa}} = 43000 \text{mm}^2$$

因为连杆横截面为矩形，高与宽之比 $h/b = 1.4$，则 $h = 1.4b$，故

$$A = hb = 1.4b^2 \geq 43000 \text{mm}^2$$

解得 $b \geq 175.3 \text{mm}$，$h = 1.4b \geq 1.4 \times 175.3 \text{mm} = 245.5 \text{mm}$

取 $b = 176 \text{mm}$，$h = 246 \text{mm}$

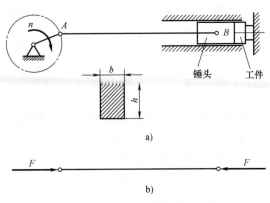

图 6-18　冷镦机的曲柄滑块机构

a）机构　b）连杆受力图

例 6-7　图 6-19a 所示为一三脚架，其斜杆 AB 由两根 80mm×80mm×7mm 等边角钢组成，横杆 AC 由两根 10 槽钢组成，材料为 Q235 钢，许用应力 $[R] = 120 \text{MPa}$，$\alpha = 30°$，试求该结构的许可载荷 F。

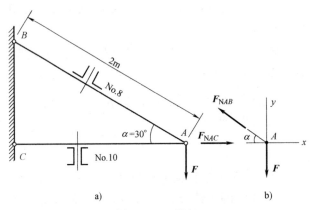

图 6-19　三脚架

a）三脚架　b）A 点的分离体受力图

解　（1）受力分析，确定各杆所受的轴力与许可载荷 F 之间的关系：

取 A 点为研究对象，如图 6-19b 所示，由平衡方程得

$$\sum F_x = 0, F_{NAC} - F_{NAB} \times \cos30° = 0$$

$$\sum F_y = 0, -F + F_{NAB} \times \sin30° = 0$$

解得

$$F_{NAB} = 2F, \quad F_{NAC} = \sqrt{3}F$$

（2）计算两杆的许可轴力：

查型钢表得斜杆 80mm×80mm×7mm 等边角钢横截面面积为 $A_{AB} = (2 \times 10.86) \text{cm}^2 = 21.72 \text{cm}^2$，横杆 10 槽钢横截面面积 $A_{AC} = (2 \times 12.74) \text{cm}^2 = 25.48 \text{cm}^2$。

则

$$F_{NAB} \leq A_{AB}[R] = (21.72 \times 10^2) \text{mm}^2 \times 120 \text{MPa} = 260.64 \text{kN}$$

$$F_{NAC} \leq A_{AC}[R] = (25.48 \times 10^2) \text{mm}^2 \times 120 \text{MPa} = 305.76 \text{kN}$$

（3）确定结构的许可载荷：

$$F_{AB} = \frac{F_{NAB}}{2} = 130.32\text{kN}$$

$$F_{AC} = \frac{F_{NAC}}{\sqrt{3}} = 176.54\text{kN}$$

为了保证整个结构能正常工作，其许可载荷必须取F_{AB}和F_{AC}中较小的一个，即

$$F = F_{AB} = 130.32\text{kN}$$

章节小结

本章主要是讨论了杆件在轴向拉伸或压缩变形下的轴力的计算、应力的计算、变形的计算以及拉压杆安全正常工作的强度条件，还以低碳钢和铸铁为例介绍了材料的力学性能。

1）物体受到外力作用时将产生变形，其内部各点间的相对位置发生变化，从而产生抵抗变形的作用力，这个作用力称为内力。杆件在轴向拉伸或压缩时产生的内力又称轴力。

计算杆件内力的方法是截面法。

2）将横截面上内力的密集程度（简称集度）称为应力。应力是一个矢量，垂直于截面的分量称为正应力R，切于截面的分量称为切应力τ，由平面假设可知，轴向拉伸或压缩时横截面上产生的是正应力$R = \dfrac{F_N}{A}$。

3）材料的力学性能也称为机械性质，是指材料在外力作用下表现出的变形、破坏等方面的特性。金属材料在常温、静载荷条件下可分为塑性材料和脆性材料。以低碳钢和铸铁为例，通过试验可以测定出在常温、静载荷作用下的力学性能。其主要力学性能指标有：比例极限R_{pl}、屈服强度R_e、抗拉强度R_m。伸长率A和断面收缩率Z，是材料的塑性性能的两个指标；弹性模量E和泊松比μ，是材料的弹性性能的两个指标。

4）由低碳钢拉伸试验可知，在弹性阶段应力和延伸率成正比，其关系满足胡克定律$R = Ee$。进而得到杆件的变形量公式$\Delta l = \dfrac{F_N l}{EA}$，$EA$的乘积与杆件的变形量成反比，称为抗拉（压）刚度。

5）要保证构件安全正常工作的条件是最大工作应力R_{max}不超过许用应力$[R]$，其强度条件为$R_{max} = \dfrac{F_N}{A} \leqslant [R]$。可解决三类工程中的强度问题：①强度校核$R_{max} = \dfrac{F_N}{A} \leqslant [R]$；②设计截面$A \geqslant \dfrac{F_N}{[R]}$；③确定许可载荷$F_N \leqslant A[R]$。

课后习题

6-1　材料的主要力学性能有哪些？请列举出。

6-2　如何区分塑性材料和脆性材料？

6-3 两杆材料不同，但其横截面面积 A、长度 l 及所受外力均相同，试问两杆的轴力是否相同？应力是否相同？变形量是否相同？

6-4 试用截面法求出图 6-20 中指定截面的轴力，并画出轴力图。

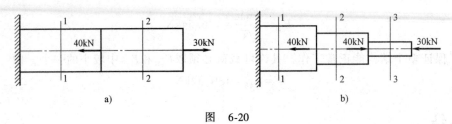

a)   b)

图　6-20

6-5 三种材料 1、2、3 的应力-延伸率曲线如图 6-21 所示，试说明：（1）哪种材料的强度高？（2）哪种材料的刚度大（在弹性范围内）？（3）哪种材料的塑性好？

6-6 汽车离合器踏板如图 6-22 所示，已知踏板受到的压力 $F_1 = 400N$，拉杆 BC 的直径为 $D = 9mm$，杠杆臂长 $L = 330mm$，$l = 56mm$，拉杆的许用应力 $[R] = 50MPa$，试校核拉杆 BC 的强度。

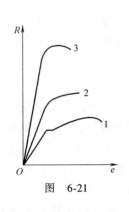

图　6-21

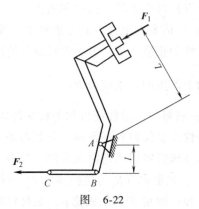

图　6-22

6-7 图 6-23 所示的液压缸盖与缸体采用 6 个螺栓连接，已知液压缸内径 $D = 350mm$，油压 $p = 1MPa$，若螺栓材料的许用应力 $[R] = 40MPa$，求螺栓的内径。

6-8 图 6-24 所示的阶梯杆受外力作用，已知横截面面积 $A_1 = 240mm^2$，$A_2 = 160mm^2$，材料的弹性模量 $E = 200GPa$，许用应力 $[R] = 160MPa$。试画出轴力图；求出相应横截面的应力并确定危险截面；求杆件的总变形量；校核阶梯杆的强度。

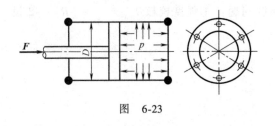

图　6-23

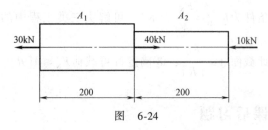

图　6-24

6-9 钢制阶梯形直杆如图 6-25 所示，其许用应力 $[R] = 160MPa$，各段横截面面积分别为 $A_1 = 300mm^2$，$A_2 = 200mm^2$，材料的弹性模量 $E = 200GPa$。

（1）试求出各段的轴力并画出轴力图，判断最大轴力发生在哪一段内。

（2）试求各段的应力，找出危险截面的位置，并校核其强度。

（3）试求杆件的总变形量。

6-10　图 6-26 所示为一个三脚架，其中 BC 为钢杆，AB 为木杆。已知木杆 AB 的横截面面积 $A_1 = 100\ cm^2$，许用应力 $[R]_1 = 7MPa$；钢杆 BC 的横截面面积 $A_2 = 6\ cm^2$，许用应力 $[R]_2 = 160MPa$，试求许可载荷 F。

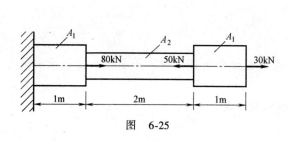

图　6-25

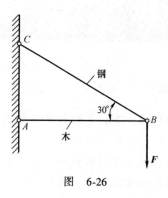

图　6-26

第7章

剪切和挤压

知识导航

学习目标：掌握剪切和挤压的基本概念，找出剪切面和挤压面，并求出相应的面积大小，进而校核剪切和挤压的强度。

重点：区分剪切面和挤压面，校核剪切和挤压的强度。

难点：校核剪切和挤压的强度。

7.1 剪切和挤压的基本概念及强度条件

7.1.1 剪切和挤压的概念

1. 剪切的概念

在机械工程中有许多连接构件，如螺栓、柱销、键、铆钉等，在受到力作用后产生的变形主要是剪切变形。

图 7-1a 所示为一铆钉连接。若钢板在横向载荷 F 的作用下发生横向错动，则铆钉的受力情况如图 7-1b 所示，铆钉杆上将受到大小相等、方向相反的两组分布力作用，该分布力的合力大小为 F，在力 F 的作用下，铆钉杆上下两部分会沿截面 m—m 发生相对错动，如图 7-1c所示。

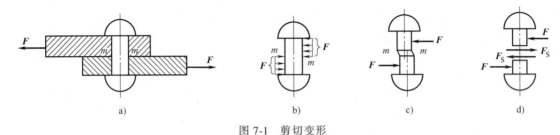

图 7-1 剪切变形

a) 铆钉连接　b) 铆钉受力情况　c) 剪切变形　d) 剪力

以上分析可得剪切的受力特征：作用在杆件两侧面上的外力的合力大小相等、方向相反、作用线相互平行但不重合且相距极近，使杆件的两部分沿这一截面（剪切面）发生相对错动。发生相对错动的面称为剪切面，用 A_S 表示。剪切面上的内力与截面相切称为剪力，用 F_S 表示。因剪切面产生的应力称为切应力，用 τ 来表示。只有一个受剪面的剪切变形称为单剪，有两个受剪面的剪切变形称为双剪，如图 7-2 所示。

2. 挤压的概念

在外力作用下，连接件和被连接件之间，必将在接触面上相互压紧，这种现象称为挤压。如在铆钉连接中，铆钉与钢板就是相互压紧。这就可能把铆钉或者钢板的铆钉孔压成局部塑性变形，如图 7-3 所示。把发生挤压的接触面称为挤压面，用 A_{bs} 表示。挤压面上所传递的力称为挤压力，用 F_{bs} 表示。

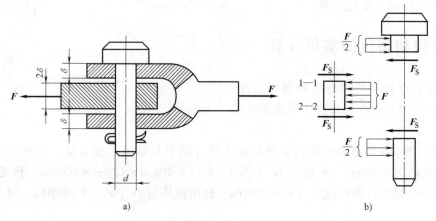

图 7-2　双剪
a）销钉连接　b）双剪

7.1.2　剪切和挤压的强度条件

1. 剪切的强度条件

由于连接件发生剪切而使剪切面上产生了切应力 τ，切应力在剪切面上的分布情况一般比较复杂，在实用计算中，通常认为切应力在剪切面上的分布是均匀的。可得切应力的计算公式为

$$\tau = \frac{F_S}{A_S} \qquad (7-1)$$

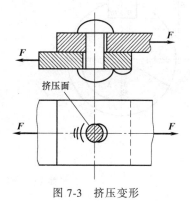

图 7-3　挤压变形

为保证连接件工作时安全可靠，要求切应力不超过材料的许用切应力。从而建立剪切强度条件为

$$\tau = \frac{F_S}{A_S} \leqslant [\tau] \qquad (7-2)$$

式中，$[\tau]$ 为材料的许用切应力。

2. 挤压的强度条件

在挤压面上应力分布一般也比较复杂。在实用计算中，依然假设在挤压面上应力是均匀分布的。可得挤压应力的计算公式为

$$\sigma_{bs} = \frac{F_{bs}}{A_{bs}} \qquad (7-3)$$

为了保证连接件工作时安全可靠，要求挤压应力不超过材料的许用挤压应力。从而建立

挤压强度条件为

$$\sigma_{bs} = \frac{F_{bs}}{A_{bs}} \leq [\sigma_{bs}] \tag{7-4}$$

当挤压面为平面时，计算挤压面面积即为实际挤压面面积；当挤压面为圆柱面时，计算挤压面面积等于半圆柱面的正投影面积，如图 7-4 所示。即 $A_{bs} = d\delta$。

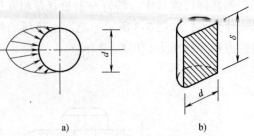

图 7-4 半圆柱挤压面

7.2 剪切和挤压的实用计算

由 7.1 节可知剪切和挤压的强度条件，本节就举例说明关于剪切和挤压强度条件的应用。

例 7-1 图 7-5 所示为齿轮用平键与轴连接（图中只画出了轴与键，没有画出齿轮）。已知轴的直径 $d = 70mm$，平键的尺寸为 $b \times h \times l = 20mm \times 12mm \times 100mm$，传递的力矩 $M_e = 2kN \cdot m$，键的许用切应力 $[\tau] = 60MPa$，许用挤压应力 $[\sigma_{bs}] = 100MPa$，试校核该平键的强度。

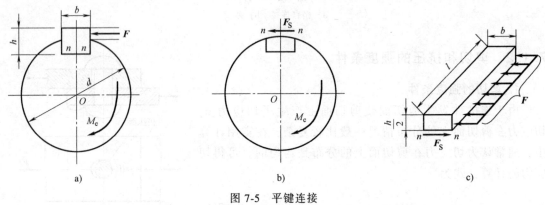

图 7-5 平键连接

a) 平键连接 b) $n—n$ 截面以下部分分析 c) $n—n$ 截面以上部分分析

解 （1）校核键的剪切强度。

将平键沿图示 $n—n$ 截面分成两部分，并把 $n—n$ 截面以下部分和轴作为一个整体来分析如图 7-5b 所示，对轴心取矩，由平衡方程 $\sum M_O = 0$，得

$$F_S \cdot \frac{d}{2} - M_e = 0$$

解得

$$F_S = \frac{2M_e}{d}$$

剪切面面积 $A_S = bl$，故有

$$\tau = \frac{F_S}{A_S} = \frac{2M_e}{dbl} = \frac{2 \times 2 \times 10^6 N \cdot mm}{70mm \times 20mm \times 100mm} = 28.57MPa < [\tau]$$

所以平键满足剪切强度条件。

（2）校核键的挤压强度。

考虑键在 n—n 截面以上部分的平衡如图 7-5c 所示，在 n—n 截面上的剪力与右侧面的挤压力 F_{bs} 投影于水平方向，由平衡方程 $\sum F_x = 0$，可得

$$F_S = F_{bs} = \frac{2M_e}{d}$$

挤压面面积为

$$A_{bs} = \frac{hl}{2}$$

故有

$$\sigma_{bs} = \frac{F_{bs}}{A_{bs}} = \frac{4M_e}{dhl} = \frac{4 \times 2 \times 10^6 \text{N} \cdot \text{mm}}{70\text{mm} \times 12\text{mm} \times 100\text{mm}} = 95.24\text{MPa} < [\sigma_{bs}]$$

所以平键也满足挤压强度条件。

例 7-2 电瓶车挂钩由销钉连接如图 7-6a 所示，销钉的材料为 20 钢，$[\tau] = 30\text{MPa}$，$[\sigma_{bs}] = 100\text{MPa}$，挂钩及被连接件的厚度分别为 $\delta = 8\text{mm}$ 和 $1.5\delta = 12\text{mm}$。牵引力 $F = 15\text{kN}$，试设计销钉的直径 d。

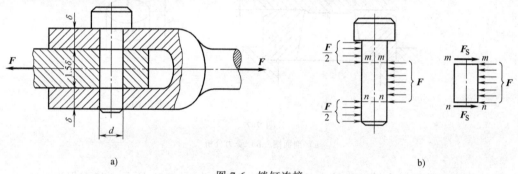

图 7-6 销钉连接

a）销钉连接 b）销钉受力情况

解 销钉的受力如图 7-6a 所示，根据受力情况，销钉中段相对于上、下两段，沿 m—m 和 n—n 两个截面发生错动，所以有两个剪切面，称为双剪切。由平衡方程求出

$$F_S = \frac{F}{2}$$

（1）按剪切强度条件设计销钉直径

$$\tau = \frac{F_S}{A_S} \leqslant [\tau]$$

剪切面面积为

$$A_S = \frac{\pi d^2}{4}$$

所以

$$d \geqslant \sqrt{\frac{2F}{\pi[\tau]}} = \sqrt{\frac{2 \times 15 \times 10^3 \text{N}}{3.14 \times 30\text{MPa}}} = 17.85\text{mm}$$

（2）按挤压强度条件设计销钉直径。

从图 7-6b 中看出，销钉的上段和下段受到来自左方的挤压力 F 作用，中间段受到来自右方的挤压力 F 的作用。中间段的挤压面积为 $1.5\delta d$ 小于上段和下段的挤压面积之和 $2\delta d$，故应按中段的强度条件来设计销钉直径。

$$\sigma_{bs} = \frac{F_{bs}}{A_{bs}} \leqslant [\sigma_{bs}]$$

其中 $F_{bs} = F$，$A_{bs} = 1.5\delta d$，则

$$d \geqslant \frac{F}{1.5\delta[\sigma_{bs}]} = \frac{15 \times 10^3 \text{N}}{1.5 \times 8\text{mm} \times 100\text{MPa}} = 12.5\text{mm}$$

销钉要同时满足剪切和挤压的强度条件，所以取两者中较大的，即取 $d = 18\text{mm}$。

例 7-3　如图 7-7a 所示，已知钢板厚度 $\delta = 10\text{mm}$，其剪切极限应力为 $\tau_u = 300\text{MPa}$，若用冲床将钢板冲出直径 $d = 25\text{mm}$ 的孔，问需要多大的冲剪力 F？

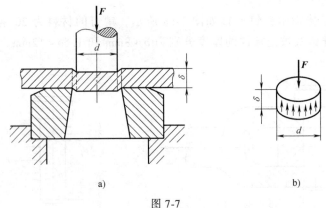

图 7-7

a）剖面图　b）受力分析

解　剪切面是钢板内被冲头冲出的圆柱体的侧面，如图 7-7b 所示，其面积为

$$A_S = \pi d\delta = 3.14 \times 25\text{mm} \times 10\text{mm} = 785\text{mm}^2$$

冲孔所需要的冲剪力为

$$F \geqslant A_S\tau_u = (785 \times 300 \times 10^{-3})\text{kN} = 235.5\text{kN}$$

7.3　切应变和剪切胡克定律

7.3.1　切应变

为了分析剪切时构件发生的变形，在构件的受剪部位，围绕 A 点取一直角六面体，如图 7-8a 所示，构件发生剪切变形时，构件内与外力平行的截面就会产生相对错动，使直角六面体变为平行六面体，放大如图 7-8b 所示，图中线段 ee'（或 ff'）是平行于外力的面 $efhg$ 相对面 $abdc$ 的滑移量，称为绝对剪切变形。若把单位长度上的相对滑移量称为相对剪切变形，用 γ 表示，则

$$\frac{e\,e'}{\mathrm{d}x} = \tan\gamma \approx \gamma$$

式中，γ 是矩形直角的微小改变量，称为切应变或角应变，用弧度（rad）来度量。

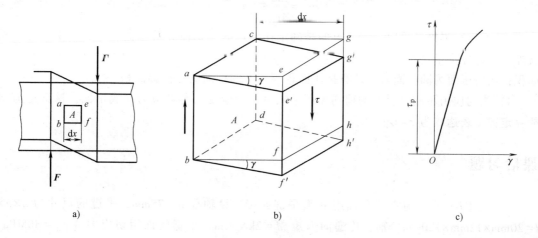

图 7-8　切应变分析
a）构件内微元体　b）放大后的微元体　c）τ-γ 图

7.3.2　剪切胡克定律

试验表明，当切应力不超过材料的剪切比例极限时，切应变 γ 与切应力 τ 成正比，如图 7-8c 所示，这就是剪切胡克定律，用下式表示，即

$$\tau = G\gamma \tag{7-5}$$

式中，G 为比例常数，称为材料的切变模量，是表示材料抵抗剪切变形能力的量。它的单位与切应力单位相同。各种材料的 G 值由实验测定，常用的钢材 G 值约为 80GPa，铸铁 G 值约为 44GPa。其他材料的 G 值可从相关手册中查到。

至此，我们已经引用了三个弹性常量，即弹性模量 E、泊松比 μ、切变模量 G。对各向同性的材料，可以证明三个弹性常量 E，μ，G 之间存在以下关系，即

$$G = \frac{E}{2(1+\mu)} \tag{7-6}$$

可见三个弹性常量中，只要知道任意两个，另一个就可以确定。

章节小结

本章主要介绍了剪切和挤压的受力特点、变形特点以及强度计算，最后还介绍了剪切胡克定律。

1）当构件受到大小相等、方向相反、作用线平行且相距极近的两外力作用时，两力之间的截面发生相对错动，这种变形称为剪切变形。工程中的连接件在承受剪切变形的同时，常常伴随着挤压的作用。挤压现象与压缩不同，它只是局部产生不均匀的压缩变形。

2）剪切强度条件和挤压强度条件分别是

$$\tau = \frac{F_S}{A_S} \leqslant [\tau]$$

$$\sigma_{bs} = \frac{F_{bs}}{A_{bs}} \leqslant [\sigma_{bs}]$$

3）在进行强度计算时，最关键的是确定连接件的剪切面和挤压面。一般来说，剪切面与外力平行且位于这对平行外力之间。当挤压面为平面时，计算挤压面面积即为实际挤压面面积；当挤压面为圆柱面时，计算挤压面积等于半圆柱面的正投影面积。

4）当切应力不超过材料的剪切比例极限时，切应变 γ 与切应力 τ 成正比，这就是剪切胡克定律，表达式为 $\tau = G\gamma$。

课后习题

7-1　图 7-9 所示为零件和轴用 B 型平键连接，设轴径 $d = 75\text{mm}$，平键的尺寸为 $b \times h \times l = 20\text{mm} \times 12\text{mm} \times 120\text{mm}$，轴所传递的力矩 $M = 2\text{kN} \cdot \text{m}$，平键的许用切应力 $[\tau] = 80\text{MPa}$，许用挤压应力 $[\sigma_{bs}] = 100\text{MPa}$，试校核该平键的强度。

7-2　如图 7-10 所示，两轴以凸缘联轴器相连接，沿直径 $D = 150\text{mm}$ 的圆周上对称分布着四个连接螺栓来传递力矩 M_e。已知 $M_e = 2.5\text{kN} \cdot \text{m}$，凸缘厚度 $h = 10\text{mm}$，螺栓材料为 Q235 钢，许用切应力 $[\tau] = 80\text{MPa}$，许用挤压应力 $[\sigma_{bs}] = 200\text{MPa}$，试设计螺栓的直径 d。

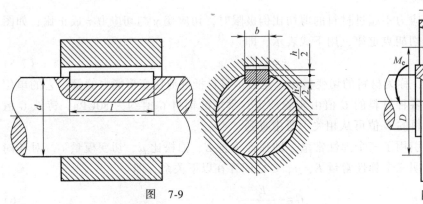

图　7-9

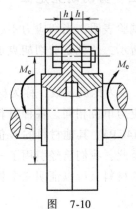

图　7-10

7-3　如图 7-11 所示，两块钢板由一个螺栓连接。已知螺栓直径 $d = 24\text{mm}$，每块钢板的厚度为 $\delta = 12\text{mm}$，拉力 $F = 27\text{kN}$，螺栓的许用切应力 $[\tau] = 60\text{MPa}$，许用挤压应力 $[\sigma_{bs}] = 120\text{MPa}$，试校核该螺栓的强度。

7-4　如图 7-12 所示，螺钉在拉力 F 作用下，已知材料的许用切应力 $[\tau]$ 和许用拉应力 $[\sigma]$ 之间的关系为 $[\tau] = 0.6[\sigma]$，试求螺钉直径 d 与顶头高度 h 的合理比值。

7-5　图 7-13 所示为一带肩杆件，若杆件材料的 $[\sigma] = 160\text{MPa}$，$[\tau] = 100\text{MPa}$，

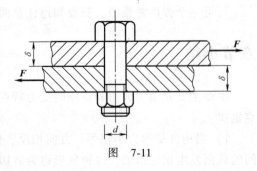

图　7-11

$[\sigma_{bs}] = 320\mathrm{MPa}$，试求杆件的许可载荷 F。

7-6 如图 7-14 所示，已知 $F = 100\mathrm{kN}$，销钉的直径 $d = 30\mathrm{mm}$，材料的许用切应力 $[\tau] = 60\mathrm{MPa}$。试校核图中连接销钉的剪切强度。若强度不够，应该用多大直径的销钉？

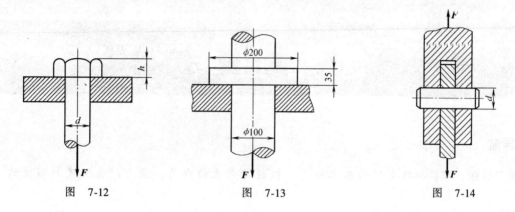

图   7-12   图   7-13   图   7-14

第8章

圆 轴 扭 转

知识导航

学习目标：掌握扭转变形的基本概念，扭转时产生的内力、应力以及强度和刚度的计算。

重点：扭转时产生的内力、应力。

难点：扭转时强度和刚度的计算。

8.1　圆轴扭转的基本概念

在日常生活及工程实践中，经常可以遇到等直圆杆的扭转变形问题。例如，汽车中由方向盘带动的操纵杆，如图 8-1 所示，其上端受到方向盘传来的力偶作用，下端受到来自转向器的阻力偶作用。如图 8-2 所示，当钳工攻螺纹孔时，两手所加的外力偶作用在丝锥的上端，工件的约束力偶作用在丝锥的下端，使丝锥杆发生扭转变形。从这两个实例中可以看出，杆件扭转的受力特点是：杆件的两端作用两个大小相等、方向相反且作用平面垂直于杆件轴线的力偶，致使杆件的任意两个横截面都发生绕轴线的相对转动。其变形特点是：杆件的各横截面绕杆轴线发生相对转动，杆轴线始终保持直线。这种变形称为扭转变形。

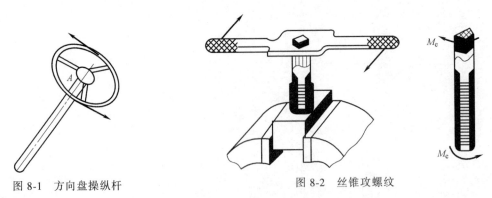

图 8-1　方向盘操纵杆　　　　　　　　　　　图 8-2　丝锥攻螺纹

工程实际中，有很多构件如车床的光杆、搅拌机轴和汽车传动轴等，都是受扭构件。还有一些轴类零件如电动机主轴、机床主轴等，除了扭转变形外还有弯曲变形，属于组合变形。工程中把以扭转变形为主的杆件称为轴。本章主要讨论等截面直圆杆的扭转变形。

8.2　圆轴扭转时横截面的内力分析

8.2.1　外力偶矩的计算

在研究扭转的应力和变形之前，先讨论作用在轴上的外力偶矩及横截面上的内力。而工程中作用在轴上的外力偶矩往往不直接给出，通常给出轴所传送的功率和轴的转速。其外力偶矩的计算公式为

$$M_e = 9549 \frac{P}{n} \tag{8-1}$$

式中　M_e 为外力偶矩，单位为 N·m；P 为轴传递的功率，单位为 kW；n 为轴的转速，单位为 r/min。

在确定外力偶矩的方向时，应注意输入力偶矩为主动力偶矩，其方向与轴的转向一致；输出力偶矩为阻力偶矩，其方向与轴的转向相反。

8.2.2　扭矩和扭矩图

如图 8-3 所示，等截面圆轴两端面上作用有一对平衡外力偶 M_e。用截面法可求出任意截面上（如 m—m 截面）的内力。现将轴从 m—m 横截面处截开，以左段为研究对象，根据平衡条件 $\sum M = 0$，m—m 横截面上必有一个内力偶与端面上的外力偶 M_e 平衡。该内力偶称为扭矩，用 T 表示，单位为 N·m。若取右段为研究对象，求得的扭矩与以左段为研究对象求得的扭矩大小相等、转向相反。为了使不论取左段还是右段求得的扭矩大小和符号都一致，对扭矩的正负号规定如下：按右手螺旋法则，四指沿扭矩的转向握住轴线，大拇指的指向与横截面的外法线方向一致时为正，反之为负，如图

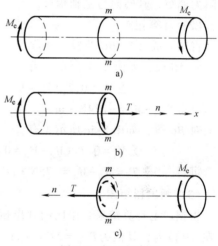

图 8-3　扭矩的求解

8-4 所示。当横截面上扭矩的实际转向未知时，一般先假设扭矩为正。若求得的结果为正，则表示扭矩实际转向与假设相同；若求得的结果为负，则表示扭矩实际转向与假设相反。

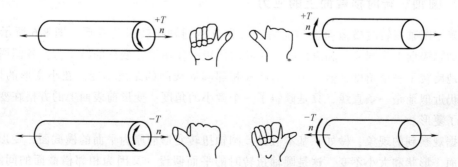

图 8-4　扭矩正负号的规定

为了清楚地表示各横截面上的扭矩沿轴线的变化规律，以便分析危险截面，以纵坐标 T 轴表示扭矩的大小，横坐标 x 轴表示横截面的位置，正扭矩画在横坐标的上面，负扭矩画在横坐标的下面，这种图形称为扭矩图。

例 8-1 如图 8-5 所示，一传动系统的主轴 ABC 的转速 $n=960\mathrm{r/min}$，输入功率 $P_A=27.5\mathrm{kW}$，输出功率 $P_B=20\mathrm{kW}$，$P_C=7.5\mathrm{kW}$，试画出主轴 ABC 的扭矩图。

解 （1）计算外力偶矩。

由式（8-1）得

$$M_A=\left(9549\times\frac{27.5}{960}\right)\mathrm{N\cdot m}=274\mathrm{N\cdot m}$$

$$M_B=\left(9549\times\frac{20}{960}\right)\mathrm{N\cdot m}=199\mathrm{N\cdot m}$$

$$M_C=\left(9549\times\frac{7.5}{960}\right)\mathrm{N\cdot m}=75\mathrm{N\cdot m}$$

M_A 为主动力偶矩，其转向与主轴相同；M_B、M_C 为阻力偶矩，其转向与主轴相反。

（2）计算扭矩。

将轴分成 AB、BC 两段，逐段计算扭矩。

对 AB 段，如图 8-5b 所示，有

$$\sum M_x=0, T_1+M_A=0$$

可得 $T_1=-M_A=-274\mathrm{N\cdot m}$

对 BC 段，如图 8-5c 所示，有

$$\sum M_x=0, T_2+M_A-M_B=0$$

可得 $T_2=M_B-M_A=-75\mathrm{N\cdot m}$

（3）画出扭矩图。

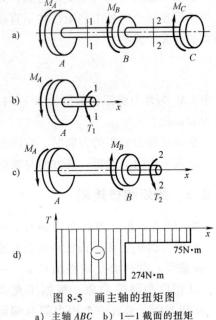

图 8-5 画主轴的扭矩图

a) 主轴 ABC　b) 1—1 截面的扭矩
c) 2—2 截面的扭矩　d) 扭矩图

根据以上计算结果，按比例画出扭矩图，如图 8-5d 所示。由图可以看出，最大扭矩发生在 AB 段内，其值为 $T_{\max}=274\mathrm{N\cdot m}$。

8.3　圆轴扭转时横截面上的应力与变形

8.3.1　圆轴扭转时横截面上的应力

为确定圆轴扭转时横截面上的应力，首先分析圆轴扭转时的变形，图 8-6 所示为一圆轴，在圆轴表面上作圆周线和纵向线。在外力偶矩的作用下，变形的结果为：各圆周线绕轴线相对地旋转了一个角度，但大小、形状和相邻圆周线间的距离不变。在小变形的情况下，纵向线仍近似地是一条直线，只是倾斜了一个微小的角度。变形前表面上的方格在变形之后错动成了菱形。

根据观察到的现象，做如下基本假设：圆轴扭转变形前原为平面的横截面，变形后仍保持为平面，形状和大小不变，这是圆轴扭转时的平面假设。又因为相邻横截面的间距不变，故横截面上无正应力。但由于相邻横截面发生绕轴线的相对转动，纵向线倾斜了同一角度

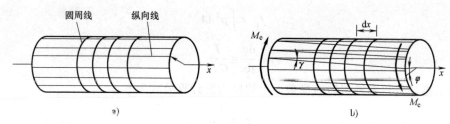

图 8-6 圆轴的扭转变形

a）圆轴变形前 b）圆轴变形后

γ，因此横截面上必然有垂直于半径方向的切应力存在。

在圆轴上截取长为 $\mathrm{d}x$ 的微段，放大后如图 8-7 所示，横截面 2—2 相对于 1—1 转过了一个角度 $\mathrm{d}\varphi$，半径 O_2B 转至 O_2C 处。由图 8-7 可看出，横截面上任一点的切应变 γ_ρ 与该点到轴线的距离 ρ 成正比。即

$$\gamma_\rho = \tan\gamma_\rho = \rho\frac{\mathrm{d}\varphi}{\mathrm{d}x}$$

按照剪切胡克定律 $\tau = G\gamma$，则有

$$\tau_\rho = G\gamma_\rho = G\rho\frac{\mathrm{d}\varphi}{\mathrm{d}x} \tag{8-2}$$

式（8-2）表明，横截面上任一点切应力 τ_ρ 与该点到轴线的距离 ρ 成正比，其方向垂直于半径。图 8-8 所示为实心圆轴与空心圆轴横截面上切应力的分布图。

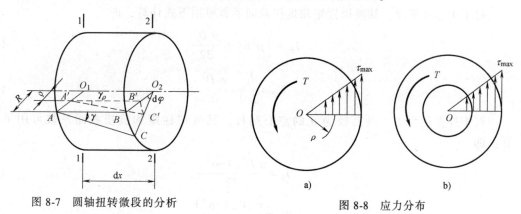

图 8-7 圆轴扭转微段的分析

图 8-8 应力分布

a）实心圆轴 b）空心圆轴

式（8-2）中 $\dfrac{\mathrm{d}\varphi}{\mathrm{d}x}$ 是一未知量，因此无法计算切应力 τ_ρ 的数值，须用静力学的关系来解决这一问题。

如图 8-9 所示，在圆轴横截面上离圆心为 ρ 处取一微元面积 $\mathrm{d}A$，此微元面积 $\mathrm{d}A$ 上内力的合力为 $\tau_\rho\mathrm{d}A$。$\tau_\rho\mathrm{d}A$ 对圆心的力矩为 $\mathrm{d}T = \tau_\rho\mathrm{d}A \cdot \rho$。截面上所有这些微力矩的总和就等于横截面的扭矩 T，即

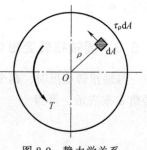

图 8-9 静力学关系

$$T = \int\tau_\rho\mathrm{d}A\cdot\rho = G\frac{\mathrm{d}\varphi}{\mathrm{d}x}\int\rho^2\mathrm{d}A$$

令
$$I_P = \int \rho^2 dA$$

则
$$\frac{d\varphi}{dx} = \frac{T}{G I_P}$$

由以上推导可得圆轴扭转时横截面上切应力的计算公式为

$$\tau_\rho = \frac{T}{I_P} \rho \qquad\qquad (8\text{-}3)$$

式中，T 为横截面上的扭矩，单位为 N·m；ρ 为点到圆心的距离，单位为 m；I_P 为横截面对圆心 O 的极惯性矩，也称为截面二次极矩，单位为 m^4，它只与横截面的几何尺寸有关。

当 $\rho = R$ 时，切应力最大，即圆轴横截面上边缘点的切应力最大。其值为

$$\tau_{\max} = \frac{T}{I_P} R \qquad\qquad (8\text{-}4)$$

令 $W_P = \dfrac{I_P}{R}$，则式（8-4）变为

$$\tau_{\max} = \frac{T}{W_P} \qquad\qquad (8\text{-}5)$$

式中，W_P 为抗扭截面系数，单位为 m^3。

8.3.2 圆截面极惯性矩 I_P 及抗扭截面系数 W_P 的计算

对于实心圆截面，其极惯性矩和抗扭截面系数可用下式计算，即

$$I_P = \int \rho^2 dA = \frac{\pi D^4}{32} \qquad\qquad (8\text{-}6)$$

$$W_P = \frac{I_P}{d/2} = \frac{\pi D^3}{16} \qquad\qquad (8\text{-}7)$$

对于外直径为 D、内直径为 d 的空心圆杆，其极惯性矩和抗扭截面系数可用下式计算，即

$$I_P = \frac{\pi D^4 (1-\alpha^4)}{32} \qquad\qquad (8\text{-}8)$$

$$W_P = \frac{\pi D^3 (1-\alpha^4)}{16} \qquad\qquad (8\text{-}9)$$

式中，$\alpha = \dfrac{d}{D}$。

8.3.3 圆轴扭转变形计算公式

圆轴扭转变形时，两个横截面之间要发生相对转动。其扭转变形用两个横截面的相对扭转角 φ 来表示，可得

$$d\varphi = \frac{T}{G I_P} dx$$

对于长度为 l、扭矩 T 不随长度变化的等截面圆轴，则有

$$\varphi = \frac{Tl}{G I_P}$$

式中，$G I_P$ 称为圆轴的扭转刚度。

对于阶梯状圆轴以及扭矩分段变化的等截面圆轴，须分段计算相对转角，然后求代数和。

8.4 圆轴扭转时的强度和刚度计算

8.4.1 圆轴扭转时的强度计算

对于等截面受扭圆杆，危险截面发生在扭矩最大的横截面上。对于阶梯圆杆，需要根据扭矩图和圆杆的几何尺寸共同确定危险截面。圆轴扭转时的强度条件为整个圆轴横截面上的最大切应力 τ_{max} 不超过材料的许用应力 $[\tau]$，即

$$\tau_{max} = \frac{T}{W_P} \leq [\tau] \tag{8-10}$$

8.4.2 圆轴扭转时的刚度计算

工程中的受扭杆件，不仅要有足够的强度，往往还要求有足够的刚度，即工作时不能发生太大的扭转变形，要求轴在一定的长度内扭转角不超过某个值。而圆轴扭转变形的程度，常以单位长度扭转角 θ 度量。因此，圆轴扭转时的刚度条件是整个轴上的最大单位长度扭转角 θ_{max} 不超过其许用扭转角 $[\theta]$，即

$$\theta_{max} = \frac{T}{G I_P} \leq [\theta] \tag{8-11}$$

式中，单位长度扭转角 θ 和许用扭转角 $[\theta]$ 的单位为 rad/m。

但在工程上，许用扭转角 $[\theta]$ 的单位为 $(°)/m$，考虑单位换算，则

$$\theta_{max} = \frac{T}{G I_P} \times \frac{180°}{\pi} \leq [\theta] \tag{8-12}$$

式中，$[\theta]$ 的数值是根据载荷的性质和机械的精密程度等来确定的，从有关设计手册中可查到各种轴类零件的 $[\theta]$ 值。

例 8-2 如图 8-10a 所示阶梯圆轴 ABC 的直径，轴的材料的许用切应力 $[\tau] = 60MPa$，力偶矩 $M_1 = 5kN \cdot m$，$M_2 = 3.2kN \cdot m$，$M_3 = 1.8kN \cdot m$，试校核该轴的强度。

解 阶梯圆轴的扭矩图如图 8-10b 所示。因 AB 段、BC 段的扭矩、直径各不相同，整个轴的最大应力所在横截面即危险截面的位置无法确定，故需分别校核。

（1）校核 AB 段的强度：

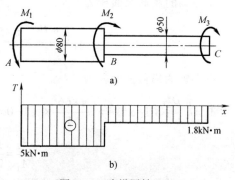

图 8-10 阶梯圆轴 ABC

a）阶梯圆轴 b）阶梯圆轴扭矩图

AB 段的最大切应力为

$$\tau_{\max} = \frac{T_{AB}}{W_{PAB}} = \frac{5 \times 10^3}{\pi \times (0.08)^3/16} \text{Pa} = 49.7 \times 10^6 \text{Pa}$$
$$= 49.7 \text{MPa} < [\tau]$$

故 AB 段的强度是安全的。

（2）校核 BC 段的强度：

BC 段的最大切应力为

$$\tau_{\max} = \frac{T_{BC}}{W_{PBC}} = \frac{1.8 \times 10^3}{\pi \times (0.05)^3/16} \text{Pa} = 73.4 \times 10^6 \text{Pa} = 73.4 \text{MPa} > [\tau]$$

故 BC 段的强度不够。

综上所述，阶梯轴的强度不够。

例 8-3 如图 8-11 所示某汽车主传动轴 AB 受外力偶矩 $M_e = 2\text{kN} \cdot \text{m}$ 作用，材料为 45 钢，许用切应力 $[\tau] = 60\text{MPa}$。（1）试设计实心圆轴的直径 D_1；（2）若该轴改为 $\alpha = d/D = 0.8$ 的空心圆轴，试设计空心圆轴的内径 d_2 和外径 D_2。

解 （1）扭矩 $T = M_e = 2\text{kN} \cdot \text{m}$，根据式（8-10）得实心圆截面的直径为

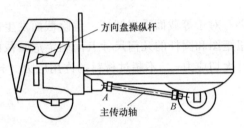

图 8-11 汽车主传动轴

$$D_1 \geqslant \sqrt[3]{\frac{16T}{\pi[\tau]}} = \sqrt[3]{\frac{16 \times 2 \times 10^3}{\pi \times 60 \times 10^6}} \text{m} = 55.4 \times 10^{-3} \text{m} = 55.4 \text{mm}$$

（2）若改为 $\alpha = d/D = 0.8$ 的空心圆轴，根据式（8-10）设计外径为

$$D_2 \geqslant \sqrt[3]{\frac{16T}{\pi[\tau](1-\alpha^4)}} = \sqrt[3]{\frac{16 \times 2 \times 10^3}{\pi \times 60 \times 10^6 \times (1-0.8^4)}} \text{m} = 66 \times 10^{-3} \text{m} = 66 \text{mm}$$

内径 $\qquad\qquad d_2 = 0.8 \times D_2 = 0.8 \times 66 \text{mm} = 52.8 \text{mm}$

下面比较例 8-3 中两种情形下的面积。

实心轴的横截面面积为

$$A_1 = \frac{\pi D_1^2}{4} = \frac{\pi \times 55.4^2}{4} \text{mm}^2 = 2409.29 \text{mm}^2$$

空心轴的横截面面积为

$$A_2 = \frac{\pi D_2^2}{4}(1-\alpha^2) = \left[\frac{\pi \times 66^2}{4} \times (1-0.8^2)\right] \text{mm}^2 = 1231.01 \text{mm}^2$$

$$\frac{A_2}{A_1} = \frac{1231.01}{2409.29} = 0.51$$

由以上计算结果可知，在扭转强度相同的情况下，空心轴的重量为实心轴的 51%，空心轴比实心轴节省材料。这是因为横截面上的切应力沿半径按线性分布，圆心附近的应力很小，材料没有充分发挥作用。若把轴心附近的材料向边缘移至，使其成为空心轴，就会增大 W_P 和 I_P，提高轴的强度，如图 8-12 所示。

例 8-4　图 8-13 所示为等截面传动轴，已知该轴转速 $n=300\text{r/min}$，主动轮输入功率 $P_C=30\text{kW}$，从动轮输出功率 $P_A=5\text{kW}$，$P_B=10\text{kW}$，$P_D=15\text{kW}$，材料的切变模量 $G=80\text{GPa}$，许用切应力 $[\tau]=40\text{MPa}$，许用扭转角 $[\theta]=1°/\text{m}$，试按强度条件和刚度条件设计此轴的直径。

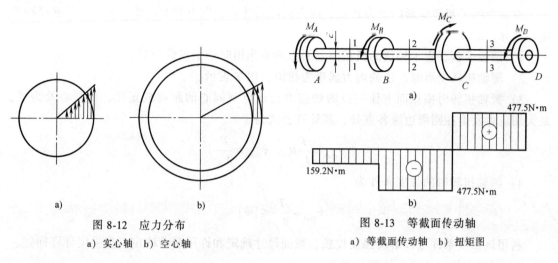

图 8-12　应力分布

a) 实心轴　b) 空心轴

图 8-13　等截面传动轴

a) 等截面传动轴　b) 扭矩图

解　（1）计算外力偶矩。

由式（8-1）可分别求出外力偶矩为

$$M_A=9549\frac{P_A}{n}=\left(9550\times\frac{5}{300}\right)\text{N}\cdot\text{m}=159.2\text{N}\cdot\text{m}$$

同理求得 $M_B=318.3\text{N}\cdot\text{m}$，$M_C=955\text{N}\cdot\text{m}$，$M_D=477.5\text{N}\cdot\text{m}$

（2）画出扭矩图，计算各段扭矩。

具体求解结果为

$$T_{AB}=-159.2\text{N}\cdot\text{m}$$
$$T_{BC}=-477.5\text{N}\cdot\text{m}$$
$$T_{CD}=477.5\text{N}\cdot\text{m}$$

扭矩图如图 8-13b 所示。由扭矩图可得，最大扭矩 $T_{\max}=477.5\text{N}\cdot\text{m}$，发生在 BC 和 CD 段。

（3）按强度条件设计轴的直径。

根据式（8-10）得

$$d\geqslant\sqrt[3]{\frac{16\,T_{\max}}{\pi[\tau]}}=\sqrt[3]{\frac{16\times477.5}{\pi\times40\times10^6}}\text{m}=39.3\times10^{-3}\text{m}=39.3\text{mm}$$

（4）按刚度条件设计轴的直径。

根据式（8-12）得

$$d\geqslant\sqrt[4]{\frac{T_{\max}\times32\times180}{G\,\pi^2[\theta]}}=\sqrt[4]{\frac{477.5\times32\times180}{80\times10^9\times\pi^2\times1}}\text{m}=43.2\times10^{-3}\text{m}=43.2\text{mm}$$

综上所述，圆轴须同时满足强度和刚度条件，则取 $d = 44\text{mm}$。

章节小结

本章介绍了扭转变形的受力特点、内力偶矩的计算、应力和变形的计算，以及强度和刚度的计算。

1）圆轴受到垂直于轴线的横截面上的力偶系作用时产生扭转变形。

2）圆轴扭转变形时产生的内力偶矩为扭矩，用 T 表示。

3）圆轴扭转时横截面上任一点的切应力与该点到圆心的距离成正比，在圆心处为零，最大切应力发生在圆周边缘各点处，其计算公式为

$$\tau_{max} = \frac{T}{I_P}R, \quad \tau_{max} = \frac{T}{W_P}$$

4）圆轴扭转时的强度条件为

$$\tau_{max} = \frac{T}{W_P} \leqslant [\tau]$$

利用该强度条件可以解决强度校核、截面尺寸确定和许用载荷确定三类强度计算问题。

5）圆轴扭转时的变形计算公式为

$$\varphi = \frac{Tl}{G I_P}$$

其中，$G I_P$ 称为圆轴的抗扭刚度。

6）圆轴扭转时的刚度条件为

$$\theta_{max} = \frac{T}{G I_P} \times \frac{180^\circ}{\pi} \leqslant [\theta]$$

课后习题

8-1 试指出图 8-14 所示各杆哪些发生扭转变形。

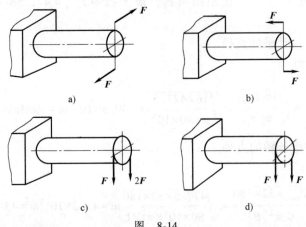

a)   b)

c)   d)

图   8-14

8-2　试画出图 8-15 所示两轴的扭矩图。

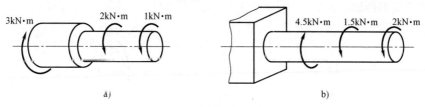

图　8-15

8-3　图 8-16 所示为一传动轴，转速 $n = 200 \mathrm{r/min}$，轮 A 为主动轮，输入功率 $P_A = 60 \mathrm{kW}$，轮 B、C、D 均为从动轮，输出功率 $P_B = 20 \mathrm{kW}$，$P_C = 15 \mathrm{kW}$，$P_D = 25 \mathrm{kW}$。

（1）试画出该轴的扭矩图。

（2）若将轮 A 和轮 C 位置对调，试分析对轴的受力是否有利。

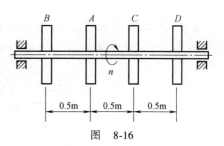

图　8-16

8-4　如图 8-17 所示，已知圆轴所受的外力偶矩和尺寸。

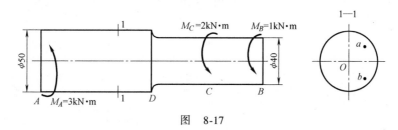

图　8-17

（1）试求截面 1—1 上离圆心距离为 20mm 处各点的切应力，并画出图示 a、b 两点切应力的方向。

（2）试求截面 1—1 的最大切应力。

（3）试求轴 AB 的最大切应力。

8-5　如图 8-18 所示绞车由两人操作，每人加在手柄的力 $F = 250 \mathrm{N}$。已知 AB 轴的许用切应力 $[\tau] = 40 \mathrm{MPa}$，按扭转强度设计 AB 轴的直径 d。

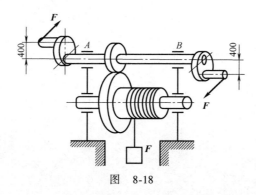

图　8-18

8-6　图 8-19 所示为一阶梯轴，AC 段的直径 $d_1 = 40 \mathrm{mm}$，CB 段的直径 $d_2 = 70 \mathrm{mm}$，外力偶

矩 $M_A = 600\text{N} \cdot \text{m}$，$M_B = 1500\text{N} \cdot \text{m}$，$M_C = 900\text{N} \cdot \text{m}$，$G = 80\text{GPa}$，$[\tau] = 60\text{MPa}$，$[\theta] = 2°/\text{m}$，试校核轴的强度和刚度。

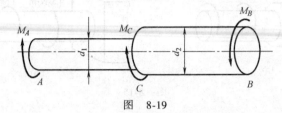

图 8-19

8-7 图 8-20 所示圆轴 AB 受到外力偶矩作用，$M_{e1} = 800\text{N} \cdot \text{m}$，$M_{e2} = 1200\text{N} \cdot \text{m}$，$M_{e3} = 400\text{N} \cdot \text{m}$，$l_2 = 2 l_1 = 600\text{mm}$，$G = 80\text{GPa}$，$[\tau] = 50\text{MPa}$，$[\theta] = 0.25°/\text{m}$，试设计轴的直径。

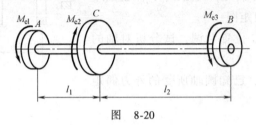

图 8-20

第9章

弯　曲

知识导航

学习目标：了解梁的概念、种类；掌握梁弯曲时横截面上的内力——剪力和弯矩、剪力图、弯矩图、纯弯曲时横截面上的正应力、梁的强度计算和弯曲变形，以及提高梁弯曲强度和刚度的措施。

重点：梁弯曲时横截面上的内力——剪力和弯矩，剪力图，弯矩图，纯弯曲时横截面上的正应力，梁的强度计算，提高梁弯曲强度的措施，梁的刚度计算。

难点：纯弯曲时横截面上的正应力，梁的强度计算，梁的刚度计算。

9.1　弯曲的概念与梁的简化

9.1.1　弯曲的概念与工程实例

弯曲是工程实际中常见的一种基本形式，如行车大梁（见图9-1）、火车轮轴（见图9-2）等的变形都是弯曲的实例。这些构件的共同受力和变形特点是：在通过杆轴线的某个平面内，受到力偶或垂直于轴线的外力（即横向力）作用，杆的轴线由直线变成曲线。杆件的这种以轴线变弯为主要特征的变形称为弯曲。在外力作用下，以弯曲为主要变形的杆件称为梁。

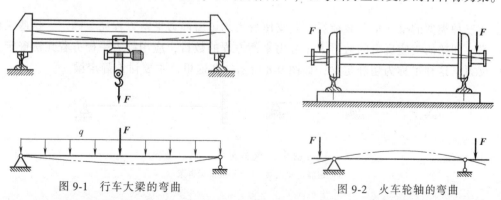

图 9-1　行车大梁的弯曲　　　　　　图 9-2　火车轮轴的弯曲

本章主要研究比较简单的直梁平面弯曲问题，即梁的横截面具有对称轴。所有的梁的横截面对称轴组成的平面称为纵向对称平面。在工程实际中，常见的梁一般都有纵向对称面，如图9-3所示。当作用于梁上的所有外力均垂直于梁轴线并都位于梁的纵向对称平面内时，梁的轴线在纵向对称平面内被弯成一条光滑连续的平面曲线，这种弯曲变形称为平面弯曲，如图 9-4 所示。平面弯曲是弯曲问题中最常见、最基本的一种。

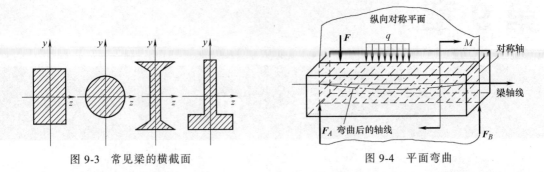

图 9-3 常见梁的横截面   图 9-4 平面弯曲

9.1.2 梁的简化及分类

为了方便对梁进行分析和计算，通常对梁进行简化，即用梁的轴线来代表梁，并将梁的载荷和支座做一些简化，得出梁的力学模型计算简图。

作用于梁上的外力，包括载荷和支座反力，可以简化为集中力、分布载荷和集中力偶三种形式。当载荷的作用范围较小时，简化为集中力；若载荷连续作用于梁上，则简化为分布载荷。沿梁轴线单位长度上所受的力称为载荷集度，以 q（N/m）表示，如图 9-4 所示。集中力偶可理解为力偶的两力分布在很短的一段梁上。

根据梁的支座性质与位置的不同，支座可简化为静力学中的三种形式：活动铰支座、固定铰支座和固定端支座，因而简单的梁有三种类型，即

（1）简支梁 一端是活动铰支座、另一端为固定铰支座的梁，如图 9-5 所示。

（2）外伸梁 一端或两端伸出支座之外的简支梁，如图 9-6 所示。

（3）悬臂梁 一端为固定端支座，另一端自由的梁，如图 9-7 所示。

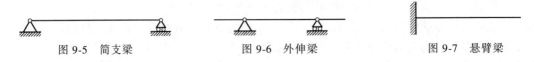

图 9-5 简支梁   图 9-6 外伸梁   图 9-7 悬臂梁

上述三种类型的梁在承受载荷后，其支座反力均可由静力平衡方程完全确定，这些梁称为静定梁。如梁的支座反力的数目大于静力平衡方程的数目，应用静力平衡方程无法确定全部支座反力，这种梁称为超静定梁，如图 9-8 所示。在这里，主要讨论静定梁。

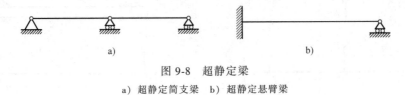

a)   b)

图 9-8 超静定梁

a）超静定简支梁 b）超静定悬臂梁

9.2 弯曲梁横截面上的内力——剪力和弯矩

通过前面的学习已经知道，轴向拉（压）时，杆件横截面上的内力为轴力；圆轴扭转

时，其横截面上的内力为扭矩。下面分析弯曲时，梁横截面上的内力。

如图 9-9a 所示简支梁，其上作用的载荷已知，根据梁的静力平衡条件，求出梁在载荷作用下的支座反力 F_A 和 F_B。采用截面法，假想在横截面 1—1 处将梁截开，梁分左、右两段。取左段为研究对象，如图 9-9b 所示，由左段平衡条件可知，在横截面 1—1 上必定有维持左段梁平衡的横向力 F_S 以及力偶 M。F_S 是横截面上切向分布内力分量的合力，称为横截面 1—1 上的剪力。M 是横截面上法向分布内力分量的合力偶矩，称为横截面 1—1 上的弯矩。可知弯曲时梁横截面上的内力为剪力和弯矩。

对左段列平衡方程有

$$\sum F_y = 0, \quad F_A - F_1 - F_S = 0$$

得

$$F_S = F_A - F_1$$

再以截面形心 C_1 为矩心，平衡方程为

$$\sum M_{C_1} = 0, \quad -F_A x + F_1(x-a) + M = 0$$

得

$$M = F_A x - F_1(x-a)$$

如取右段为研究对象，同样可以求得横截面 1—1 上的内力 F_S 和 M，两者数值相等，但方向与由左段求得的相反，如图 9-9c 所示。

为使取左段和取右段求得的同一截面上的剪力和弯矩不但在数值上相等，而且符号也相同，对剪力和弯矩的符号做如下规定：使微段梁产生左侧截面向上、右侧截面向下相对错动的剪力为正，如图 9-10a 所示，反之为负，如图 9-10b 所示；使微段梁产生上凹下凸弯曲变形的弯矩为正，如图 9-11a 所示，反之为负，如图 9-11b 所示。

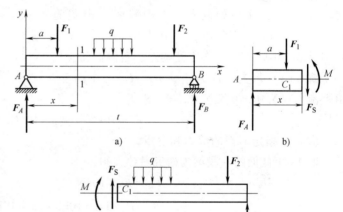

图 9-9 剪力和弯矩

a）简支梁 b）左段受力图 c）右段受力图

总结上面对剪力和弯矩的计算，可以得出剪力和弯矩的简便算法。

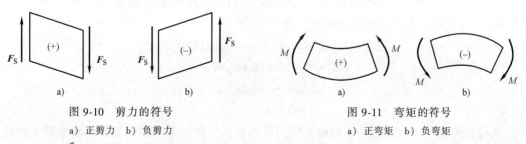

图 9-10 剪力的符号

a）正剪力 b）负剪力

图 9-11 弯矩的符号

a）正弯矩 b）负弯矩

横截面上的剪力在数值上等于该截面左段（或右段）梁上所有外力的代数和，即

$$F_S = \sum F \qquad (9\text{-}1)$$

取代数和时，截面左段梁上向上作用的横向外力或右段梁上向下作用的横向外力为正，反之为负。

横截面上的弯矩数值上等于该截面左段（或右段）梁上所有外力对该截面形心 C 的力矩的代数和，即

$$M = \sum M_C \qquad (9\text{-}2)$$

取代数和时，截面左段梁上的横向外力（或外力偶）对截面形心的力矩为顺时针转向，或截面右段梁上的横向外力（或外力偶）对截面形心的力矩为逆时针转向时，在该截面上产生的弯矩为正，反之为负。上述结论可归纳为一个简单的口诀，"左上右下，剪力为正；左顺右逆，弯矩为正"。

这样，计算梁某横截面上的剪力和弯矩时，不需要再画分离体受力图、列平衡方程，而直接根据该截面左段或右段上的外力按式（9-1）和式（9-2）进行计算即可。

例 9-1 简支梁受载荷如图 9-12 所示，试求图中各指定截面的剪力和弯矩。截面 1—1、2—2 表示集中力 F 作用处的左、右侧截面（即截面 1—1、2—2 间的间距趋于无穷小），截面 3—3、4—4 表示集中力偶 M_e 作用处的左、右侧截面。

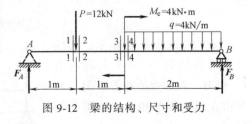

图 9-12 梁的结构、尺寸和受力

解 （1）求支座反力。设 F_A、F_B 方向向上，由平衡方程 $\sum M_A = 0$ 及 $\sum M_B = 0$，求得

$$F_A = 10\text{kN}, \quad F_B = 10\text{kN}$$

（2）求指定截面的剪力和弯矩。

取 1—1 截面的左段梁为研究对象，得

$$F_{S1} = F_A = 10\text{kN}$$

$$M_1 = F_A \times 1\text{m} = 10\text{kN} \times 1\text{m} = 10\text{kN} \cdot \text{m}$$

取 2—2 截面的左段梁为研究对象，得

$$F_{S2} = F_A - P = 10\text{kN} - 12\text{kN} = -2\text{kN}$$

$$M_2 = F_A \times 1\text{m} - P \times 0 = 10\text{kN} \times 1\text{m} - 0 = 10\text{kN} \cdot \text{m}$$

取 3—3 截面的右段梁为研究对象，得

$$F_{S3} = q \times 2\text{m} - F_B = 4\text{kN/m} \times 2\text{m} - 10\text{kN} = -2\text{kN}$$

$$M_3 = -M_2 - q \times 2\text{m} \times 1\text{m} + F_B \times 2\text{m}$$

$$= -4\text{kN} \cdot \text{m} - 4\text{kN/m} \times 2\text{m} \times 1\text{m} + 10\text{kN} \times 2\text{m} = 8\text{kN} \cdot \text{m}$$

取 4—4 截面的右段梁为研究对象，得

$$F_{S4} = q \times 2\text{m} - F_B = 4\text{kN/m} \times 2\text{m} - 10\text{kN} = -2\text{kN}$$

$$M_4 = -q \times 2\text{m} \times 1\text{m} + F_B \times 2\text{m}$$

$$= -4\text{kN/m} \times 2\text{m} \times 1\text{m} + 10\text{kN} \times 2\text{m}$$

$$= 12\text{kN} \cdot \text{m}$$

比较截面 1—1 和截面 2—2 的剪力值，可以看出，集中力 F 作用处的两侧截面上的剪力

发生突变, 突变值即为集中力的数值; 同样, 比较截面 3—3 和截面 4—4, 可以得出在集中力偶 M_e 作用处的两侧截面上, 弯矩值发生突变, 突变值即为集中力偶矩 M_e 的数值。

9.3 剪力、弯矩方程与剪力、弯矩图

9.3.1 剪力方程和弯矩方程

一般情况下, 梁横截面上的剪力和弯矩随截面位置的不同而发生变化。若以坐标 x 表示横截面的位置, 则梁横截面上的剪力和弯矩都可以表示为 x 的函数, 即

$$F_S = F_S(x)$$
$$M = M(x)$$

以上两式表达了梁横截面上的剪力和弯矩沿梁长度方向变化的规律, 分别称为梁的剪力方程和弯矩方程。

建立剪力方程和弯矩方程, 实际上就是用截面法求出坐标为 x 的截面上的剪力和弯矩。在列剪力方程和弯矩方程时, 应根据梁上的载荷的分布情况分段进行, 分界点为集中力 (包括支座反力)、集中力偶的作用点和分布载荷的起点及终点。

9.3.2 剪力图与弯矩图

根据梁的剪力方程 $F_S = F_S(x)$ 和弯矩方程 $M = M(x)$, 以横坐标 x 表示横截面的位置, 以纵坐标 F_S 和 M 表示相应横截面上的剪力和弯矩, 由此绘出的表示剪力和弯矩随横截面位置变化的图形分别称为剪力图与弯矩图。

利用剪力图和弯矩图, 很容易确定梁横截面上的最大剪力和最大弯矩, 找出梁危险截面的位置。正确绘制剪力图和弯矩图是梁强度和刚度计算的基础。

绘制梁的剪力图和弯矩图的一般步骤如下:

1) 根据梁所受载荷求出支座反力 (悬臂梁可以不求, 截开后取自由端为研究对象)。

2) 以梁的左端为坐标原点, 沿梁轴线自左向右建立 Ox 坐标轴。

3) 根据梁上载荷的分布情况, 分段建立剪力方程和弯矩方程, 即求出每一分段位置内为 x 的任意横截面上的剪力和弯矩, 同时要标明剪力方程和弯矩方程的适用范围, 即 x 的变化区间。

4) 根据剪力方程和弯矩方程, 绘制剪力图和弯矩图。

5) 根据绘制的剪力图和弯矩图, 确定 $|F_S|_{max}$ 及 $|M|_{max}$。

例 9-2 图 9-13a 所示简支梁 AB, 受均布载荷 q 作用, 试列出梁的剪力方程和弯矩方程, 并画出剪力图和弯矩图。

解 (1) 求支座反力。由平衡方程 $\sum M_A = 0$ 及 $\sum M_B = 0$, 可得

$$F_A = F_B = \frac{ql}{2}$$

(2) 列剪力方程和弯矩方程。取图 9-13a 所示坐标系, 假想在距 A 端 x 处将梁截开, 取左段梁为研究对象, 可得剪力方程和弯矩方程分别为

$$F_S(x) = F_A - qx = \frac{ql}{2} - qx \qquad (0 \leqslant x \leqslant l) \qquad (\text{a})$$

$$M(x) = F_A - qx \cdot \frac{x}{2} = \frac{ql}{2}x - \frac{q}{2}x^2 \qquad (0 \leqslant x \leqslant l) \qquad (\text{b})$$

（3）绘制剪力图和弯矩图。式（a）表示剪力图为一条斜直线，斜率为$-q$，向右下倾斜。根据$x=0$时，$F_S = \dfrac{ql}{2}$；$x=l$时，$F_S = -\dfrac{ql}{2}$即可绘出剪力图，如图 9-13b 所示。

式（b）表示弯矩图为一条开口向下的抛物线。对于抛物线，可采取三点描线法作图，即先分别求出抛物线两端点与极值点处的弯矩值，然后通过三点的弯矩值，连成一条光滑的曲线。本题抛物线的左、右端点的弯矩值为$x=0$，$M(0)=0$，$x=l$，$M(l)=0$。为了求得抛物线极值点的位置，令$\dfrac{\mathrm{d}M(x)}{\mathrm{d}x} = \dfrac{ql}{2} - qx = 0$，得$x = \dfrac{l}{2}$。将$x = \dfrac{l}{2}$代入式（b），可得$M\left(\dfrac{l}{2}\right) = \dfrac{ql^2}{8}$。由三点$x=0$、$x=\dfrac{l}{2}$和$x=l$的弯矩值$M(0)=0$，$M\left(\dfrac{l}{2}\right) = \dfrac{ql^2}{8}$和$M(l)=0$可绘出弯矩图，如图 9-13c 所示。

由剪力图和弯矩图可知，最大剪力发生在两端支座的内侧截面，其绝对值为$|F_S|_{\max} = \dfrac{ql}{2}$；最大弯矩发生在梁的跨度中点截面上，其值为$|M|_{\max} = \dfrac{ql^2}{8}$。

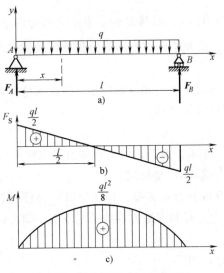

图 9-13　梁及其剪力图和弯矩图
a）梁　b）剪力图　c）弯矩图

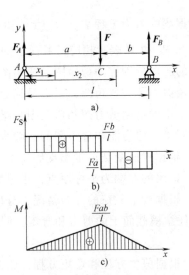

图 9-14　梁及其剪力图和弯矩图
a）梁　b）剪力图　c）弯矩图

例 9-3　图 9-14a 所示简支梁 AB，在 C 点受集中力 F 作用，试列出梁的剪力方程和弯矩方程，并画出剪力图和弯矩图。

解　（1）求支座反力。由静力平衡方程得

$$F_A = \frac{Fb}{l}, \qquad F_B = \frac{Fa}{l}$$

（2）列剪力方程和弯矩方程。建立如图 9-14a 所示坐标系，根据分段原则，将梁分成

AC、CB 两段，分别列剪力方程和弯矩方程。

AC 段：

$$F_{S1}(x) = F_A = \frac{Fb}{l} \qquad (0<x<a) \tag{a}$$

$$M_1(x) = F_A x = \frac{Fb}{l}x \qquad (0 \leqslant x \leqslant a) \tag{b}$$

CB 段：

$$F_{S2}(x) = -F_B = -\frac{Fa}{l} \qquad (a<x<l) \tag{c}$$

$$M_2(x) = F_B(l-x) = \frac{Fa}{l}(l-x) \qquad (a \leqslant x \leqslant l) \tag{d}$$

（3）绘制剪力图和弯矩图。式（a）、式（c）表示在 AC、CB 段内各截面上的剪力为常量，剪力图是平行于 x 轴的水平线。式（b）表示在 AC 段内的弯矩图是一条斜率为正即向右上方倾斜的斜直线，由 $x=0$，$M(0)=0$；$x=a$，$M(a)=\frac{Fab}{l}$ 两点即可画出。而式（d）表示在 CB 段内的弯矩图是一条斜率为负的向右下方倾斜的斜直线，由 $x=a$，$M(a)=\frac{Fab}{l}$；$x=l$，$M(l)=0$ 两点画出。

由剪力图和弯矩图可知，当 $a>b$ 时，$|F_S|_{max}=\frac{Fa}{l}$，出现在 CB 段内；当 $a<b$ 时，$|F_S|_{max}=\frac{Fb}{l}$，出现在 AC 段内。最大弯矩值发生在集中力 F 作用的 C 截面上，其值为 $|M|_{max}=\frac{Fab}{l}$。

从 F_S 图中可看出，在集中力 F 作用处，剪力图发生突变，突变的数值等于集中力的数值。

例 9-4 图 9-15a 所示简支梁 AB，在 C 截面处受集中力偶 M_e 作用，试列出梁的剪力方程和弯矩方程，并画出剪力图和弯矩图。

解 （1）求支座反力。按力偶平衡条件得

$$F_A = F_B = \frac{M_e}{l}$$

方向如图 9-15a 所示。

（2）列剪力方程和弯矩方程。根据分段原则，将梁分成 AC、CB 两段，分别列剪力方程和弯矩方程，建立如图 9-15a 所示的坐标系。

AC 段：

$$F_{S1}(x) = F_A = \frac{M_e}{l} \qquad (0 \leqslant x<a) \tag{a}$$

$$M_1(x) = F_A x = \frac{M_e}{l}x \qquad (0 \leqslant x<a) \tag{b}$$

CB 段：

$$F_{S2}(x) = F_B = \frac{M_e}{l} \qquad (a \leqslant x \leqslant l) \text{（c）}$$

$$M_2(x) = -F_B(l-x) = -\frac{M_e}{l}(l-x) \qquad (a < x \leqslant l) \text{（d）}$$

（3）绘制剪力图和弯矩图。根据式（a）和式（c）绘制 F_S 图为一条平衡于 x 轴的水平线。可见，集中力偶对 F_S 图无影响，梁上任意截面的剪力均为最大值，$|F_S|_{max} = \frac{M_e}{l}$。式（b）和式（d）表示在 AC 段和 CB 段内，弯矩图均为斜率是 M_e/l 的倾斜直线，相互平行。若 $a > b$，则在 C 点的左侧截面上有最大弯矩 $|M|_{max} = \frac{M_e a}{l}$；若 $a < b$，则在 C 点的右侧截面上有最大弯矩 $|M|_{max} = \frac{M_e b}{l}$。

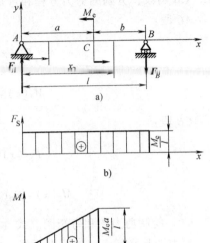

图 9-15　梁及剪力图和弯矩图
a）梁　b）剪力图　c）弯矩图

从弯矩图中可看出，在集中力偶 M_e 作用处，弯矩图发生突变，突变的数值等于集中力偶的数值。

为了方便正确、简捷地绘制剪力图和弯矩图，同时便于检查已绘制好的剪力图和弯矩图是否正确，将剪力图、弯矩图和梁上载荷三者之间的对应关系归纳列入表 9-1 中。

表 9-1　F_S、M 图特征表

载荷类型	无载荷段 $q(x) = 0$			均布载荷段 $q(x) = C$		集中力		集中力偶	
				$q < 0$	$q > 0$	F 向下	C/F 向上	$C \to M_e$	$M_e \gets C$
F_S 图	水平线			倾斜线		产生突变		无影响	
						↓F	↑F		
M 图	$F_S > 0$	$F_S = 0$	$F_S < 0$	二次抛物线，$F_S = 0$ 处有极限		在 C 处有折角		产生突变	
	倾斜线	水平线	倾斜线			C 折角	C 折角	M_e	M_e

利用表 9-1 所示的规律以及通过求出梁上某些特殊截面的内力值，可以不用列出剪力方程和弯矩方程就能直接绘制剪力图和弯矩图，下面举例说明。

例 9-5　利用 M、F_S 和 q 之间的关系，画出图 9-16a 所示梁的剪力图和弯矩图。

解　（1）求支反力。以梁 AB 为研究对象，根据平衡方程 $\sum M_A = 0$ 和 $\sum F_y = 0$ 可求得

$$F_A = 4kN, \quad F_B = 3kN$$

（2）利用 M、F_S 和 q 之间的关系作剪力图和弯矩图。

1）分段：根据梁上的载荷，将梁分为 AC、CD 和 DB 三段。用 A^+ 表示离截面 A 无限近的右侧横截面，用 A^- 表示离截面 A 无限近的左侧横截面，其余类同。

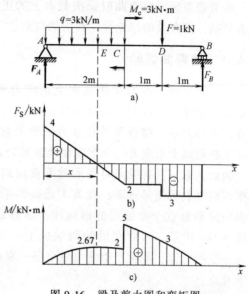

2）先作剪力图：计算各段起、止点横截面上的剪力值，注意到集中力作用处剪力图要发生突变，其左、右截面上的剪力要分别计算。从左起算，得

$$F_{SA}^+ = F_A = 4kN$$

$$F_{SC} = F_A - q \times 2m = 4kN - 3kN/m \times 2m = -2kN$$

$$F_{SD}^- = F_A - q \times 2m = 4kN - 3kN/m \times 2m = -2kN$$

$$F_{SD}^+ = -F_B = -3kN$$

$$F_{SB}^- = -F_B = -3kN$$

图 9-16　梁及剪力图和弯矩图

按照表 9-1 所示规律，剪力图在 AC 段内为右下倾斜直线，在 CD、DB 段内为水平线。根据上面数据绘出剪力图，如图 9-16b 所示。

3）再作弯矩图：从剪力图中可知，AC 段内 E 截面上 $F_{SE} = 0$，因此对应弯矩图中的 E 点为二次抛物线的极值点。由图 9-16b 按比例 $x : (x - 2) = 4 : 2$，可得 $x = 1.33m$。注意到集中力偶作用处弯矩图要发生突变，求出各相应横截面上的弯矩为

$$M_A = 0$$

$$M_E = F_A x - \frac{1}{2}qx^2 = 4kN \times 1.33m - \frac{1}{2} \times 3kN/m \times (1.33m)^2 = 2.67kN \cdot m$$

$$M_C^- = F_A \times 2m - \frac{1}{2}q \times (2m)^2 = 4kN \times 2m - \frac{1}{2} \times 3kN/m \times (2m)^2 = 2kN \cdot m$$

$$M_C^+ = F_B \times 2m - F \times 1m = 3kN \times 2m - 1kN \times 1m = 5kN \cdot m$$

$$M_D = F_B \times 1m = 3kN \times 1m = 3kN \cdot m$$

$$M_B = 0$$

按照表 9-1 所示规律，弯矩图在 AC 段内为上凸的抛物线，在 CD、DB 段内为右下倾斜直线，根据上面数据可绘出弯矩图，如图 9-16c 所示。

9.4　梁弯曲时横截面上的应力

一般情况下，梁发生平面弯曲时，其横截面上既有弯矩又有剪力，这种平面弯曲称为剪切弯曲。而在有些情况下，一段梁的横截面上只有弯矩，没有剪力，这种弯曲称为纯弯曲。例如，等截面简支梁 AB，其上作用两个对称的集中力 F，如图 9-17 所示。在梁的 AC 和 DB 两段内，各横截面上同时有剪力 F_S 和弯矩 M，为剪切弯曲；而在中间 CD 段内的各横截面上，只有弯矩 M，没有剪力 F_S，为纯弯曲。

本节着重研究纯弯曲时梁横截面上的正应力，并以此为基础，把有关的结论推广到剪切弯曲。

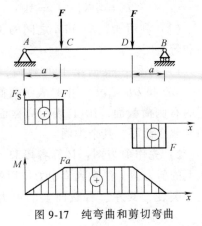

图 9-17　纯弯曲和剪切弯曲

9.4.1　纯弯曲试验

为了研究纯弯曲时梁横截面上正应力的分布规律，需要做一个纯弯曲试验。由试验件的表面变形现象，通过几何变形关系、物理关系和静力平衡关系，得到纯弯曲时梁横截面上正应力的分布规律及计算公式。

为此，取一具有纵向对称面的等截面简支梁，为了观察试验件表面变形现象，在其表面画些平行于梁轴线的纵向线和垂直于梁轴线的横向线，即形成方行网格，如图 9-18a 所示。然后在梁的两端加上一对大小相等、方向相反的力偶，使梁产生纯弯曲变形。观察纯弯曲梁的变形，如图 9-18b 所示，可以得出以下几点：

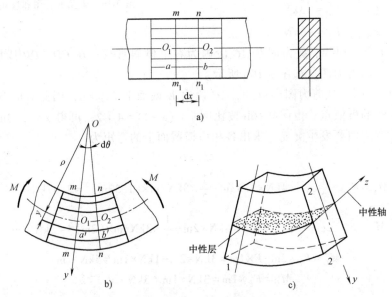

图 9-18　梁的弯曲变形
a）实验前画方形网格　b）梁变形后　c）中性轴

1）纵向线弯曲成圆弧线，其间距不变，靠凸边的纵向线伸长，而靠凹边的纵向线缩短。

2）横向线依然为直线，只是横向线间相对地转过了一个微小的角度，但仍与弯曲后的纵向线垂直。

3）梁的高度不变，而梁的宽度，在伸长区内有所减少，在压缩区内有所增大。

根据上述现象，可对梁的变形提出如下假设：

1）平面假设：梁在纯弯曲时，各横截面始终保持为平面，仅绕某轴转过了一个微小的角度。

2）单向受力假设：设梁由无数纵向纤维组成，则这些纵向纤维处于单向拉伸或压缩状态，彼此之间没有相互挤压。

从图 9-18b 还可以看出，梁的下部纤维伸长，上部纤维压缩。由于变形的连续性，沿梁的高度一定有一层纵向纤维既不伸长又不缩短。这一纤维层称为中性层。中性层与横截面的交线为中性轴，即图 9-18c 中所示的 z 轴。纯弯曲时，梁的横截面绕中性轴 z 转动了一个微小角度。

9.4.2 纯弯曲时横截面上的正应力

下面分析梁横截面上的正应力分布规律，并导出其计算公式。

1. 几何变形关系

选取相距为 $\mathrm{d}x$ 的两相邻横截面 m—m 和 n—n。设中性层 O_1O_2 的曲率半径为 ρ，相对转动后形成的夹角为 $\mathrm{d}\theta$，如图 9-18b 所示。因中性层的纤维长度不变，有 $O_1O_2 = \mathrm{d}x = \rho\mathrm{d}\theta$。距中性层 y 处的线应变为

$$\varepsilon = \frac{a'b' - O_1O_2}{O_1O_2} = \frac{(\rho+y)\mathrm{d}\theta - \mathrm{d}x}{\mathrm{d}x} \tag{9-3}$$

$$= \frac{(\rho+y)\mathrm{d}\theta - \rho\mathrm{d}\theta}{\rho\mathrm{d}\theta} = \frac{y}{\rho}$$

这是横截面上各点处线应变随截面高度的变化规律。

2. 物理关系

由于假设纵向纤维只受到单向拉伸或压缩，因此当正应力没有超过材料的比例极限时，由胡克定律得

$$\sigma = E\varepsilon = E\frac{y}{\rho} \tag{9-4}$$

式（9-4）表明，纯弯曲梁横截面上任一点的正应力与该点到中性轴的距离成正比；距中性轴同一高度上各点的正应力相等。显然，在中性轴上各点的正应力为零，如图 9-19 所示。

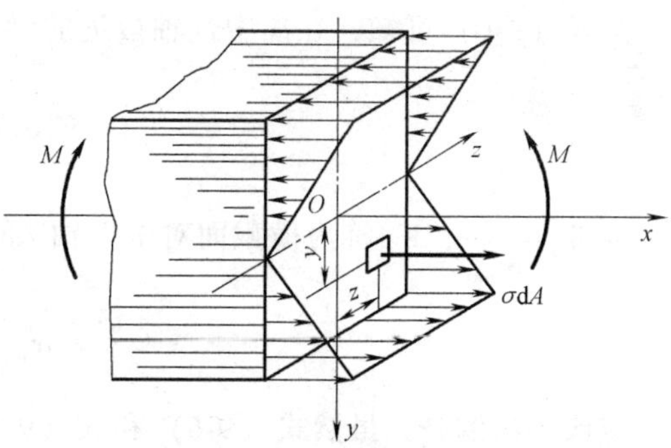

3. 静力学平衡关系

式（9-4）中，中性轴位置没有确定，曲率 $\dfrac{1}{\rho}$ 未知，还不能用此式计算弯曲正应力。

为了确定中性轴的位置与曲率 $\dfrac{1}{\rho}$，在纯弯曲梁的横截面上取一微面积 $\mathrm{d}A$，微面积上的微内力为 $\sigma\mathrm{d}A$，如图 9-19 所示。由于纯弯曲梁横截面上的内力只有弯矩 M，没有轴力 F_N，所以有

图 9-19 纯弯曲时梁横截面上的正应力分布规律

$$F_\mathrm{N} = \int_A \sigma\mathrm{d}A = 0$$

将式（9-4）代入，得

$$\frac{E}{\rho}\int_A y\mathrm{d}A = 0$$

因为 $\dfrac{E}{\rho} \neq 0$，所以横截面对中性轴的静矩 $S_z = \displaystyle\int_A y \mathrm{d}A = y_C A = 0$，即说明中性轴 z 必通过横截面的形心。

同时，横截面上微内力对中性轴 z 的合力矩等于该横截面上的弯矩，即

$$M = \int_A (\sigma \mathrm{d}A) y$$

将式（9-4）代入，得

$$\frac{E}{\rho} \int_A y^2 \mathrm{d}A = M$$

式中，$\displaystyle\int_A y^2 \mathrm{d}A$ 是横截面对中性轴 z 的截面二次矩，以 I_z 表示，又称惯性矩，单位为 m^4，于是上式可改写为

$$\frac{1}{\rho} = \frac{M}{EI_z} \tag{9-5}$$

这是研究梁弯曲变形的一个基本公式。它说明弯曲时梁轴线的曲率 $\dfrac{1}{\rho}$ 与弯矩 M 成正比，与 EI_z 成反比。乘积 EI_z 称为梁截面的抗弯刚度。

将式（9-5）代入式（9-4）得

$$\sigma = \frac{My}{I_z} \tag{9-6}$$

式（9-6）即为纯弯曲梁的正应力计算公式。实际使用时，M 和 y 都取绝对值，由梁的变形直接判断 σ 的正负。

从式（9-6）可知，在离中性轴最远的梁的上下边缘处正应力最大。即

$$\sigma_{\max} = \frac{My_{\max}}{I_z}$$

令 $W_z = \dfrac{I_z}{y_{\max}}$，$W_z$ 称为横截面对中性轴 z 的抗弯截面系数，单位是 m^3，则

$$\sigma_{\max} = \frac{M}{W_z} \tag{9-7}$$

应该指出的是，虽然式（9-6）和式（9-7）是从纯弯曲梁的变形推导出的，但对于剪切弯曲，当梁的跨度 l 与横截面高度 h 之比 $\dfrac{l}{h} > 5$ 时，式（9-6）和式（9-7）同样适用。

9.4.3 截面二次矩和抗弯截面系数

下面讨论常用的矩形截面和圆形截面的截面二次矩 I_z 和抗弯截面系数 W_z。

1. 矩形截面

设矩形截面的高为 h，宽为 b，过形心 O 作 y 轴和 z 轴，如图 9-20 所示，则有

$$I_z = \frac{bh^3}{12}, \qquad W_z = \frac{I_z}{y_{\max}} = \frac{bh^3/12}{h/2} = \frac{bh^2}{6}$$

$$I_y = \frac{hb^3}{12}, \quad W_y = \frac{hb^2}{6}$$

2. 圆形截面与圆环形截面

设圆形截面的直径为 d，y 轴和 z 轴过形心 O，如图 9-21a 所示。因为圆截面是关于中心对称的，$I_y = I_z$，所以有

$$I_y = I_z = \frac{\pi d^4}{64}, \quad W_y = W_z = \frac{\pi d^3}{32}$$

对于圆环形截面，如图 9-21b 所示，用同样的方法得到

$$I_y = I_z = \frac{\pi D^4}{64}(1-\alpha^4), \quad W_y = W_z = \frac{\pi D^3}{32}(1-\alpha^4)$$

式中，D 为圆环的外经；d 为圆环的内径；$\alpha = \dfrac{d}{D}$。

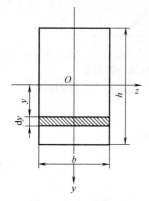

图 9-20　矩形截面

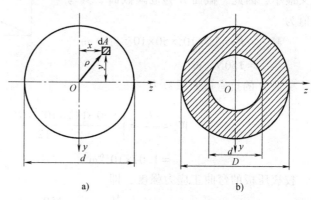

图 9-21　圆形截面和圆环形截面
a）圆形截面　b）圆环形截面

3. 型钢的截面

有关型钢的截面二次矩 I_z 和抗弯截面系数 W_z 可在有关工程手册中查到。

9.5　弯曲强度计算

9.5.1　弯曲正应力强度

为了保证梁能安全地工作，必须使梁具备足够的强度。对等截面梁来说，最大弯曲正应力发生在弯矩最大的截面上下边缘处，如果梁材料的许用应力为 $[\sigma]$，则梁弯曲正应力强度条件为

$$\sigma_{max} = \frac{M_{max}}{W_z} \leqslant [\sigma] \tag{9-8}$$

需要指出的是，式（9-8）只适用于许用拉应力和许用压应力相等的塑性材料。对于像铸铁之类的脆性材料，许用拉应力 $[\sigma_l]$ 和许用压应力 $[\sigma_y]$ 并不相等，应分别建立相应的强度条件，即

$$\sigma_{lmax} \leqslant [\sigma_l], \quad \sigma_{ymax} \leqslant [\sigma_y] \tag{9-9}$$

根据梁的正应力强度条件，可以解决三类强度计算问题：校核梁的强度、设计梁的截面尺寸和确定梁的许用载荷。

例 9-6 压板夹紧装置如图 9-22 所示，已知工件受到的夹紧力 $F = 3\text{kN}$，压板长为 $3a$，其中 $a = 50\text{mm}$，压板材料的许用应力 $[\sigma] = 140\text{MPa}$，试校核压板的弯曲正应力强度。

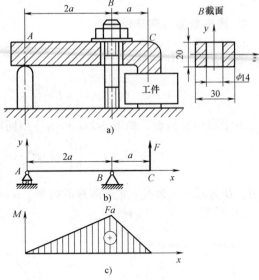

解 压板夹紧装置的简图如图 9-22b 所示。压板 AC 可简化为发生弯曲变形的外伸梁，其弯矩图如图 9-22c 所示。由弯矩图可知，截面 B 的弯矩值最大，且其抗弯截面系数又最小，因此，截面 B 为危险截面。其弯矩值为

$$M_{max} = Fa = (3 \times 10^3 \times 50 \times 10^{-3})\text{N} \cdot \text{m}$$
$$= 150\text{N} \cdot \text{m}$$

截面 B 的抗弯截面系数为

图 9-22 压板夹紧装置

a）压板夹紧装置 b）简图 c）弯矩图

$$W_z = \frac{I_z}{y_{max}} = \left[\frac{(30-14) \times 10^{-3} \times 20^3 \times 10^{-9}}{12} \times \frac{2}{20 \times 10^{-3}} \right] \text{m}^3$$
$$= 1.07 \times 10^{-6} \text{m}^3$$

校核压板的弯曲正应力强度，即

$$\sigma_{max} = \frac{M_{max}}{W_z} = \frac{150}{1.07 \times 10^{-6}} \text{Pa} = 140.2 \times 10^6 \text{Pa}$$
$$= 140.2\text{MPa} > [\sigma] = 140\text{MPa}$$

压板工作时的最大弯曲正应力未超过许用应力的 5%，按有关设计规范，压板是安全的。

例 9-7 简支矩形木梁 AB 如图 9-23 所示，跨度 $l = 5\text{m}$，承受均布载荷集度 $q = 3.6\text{kN/m}$，木材顺纹许用应力 $[\sigma] = 10\text{MPa}$。设梁的横截面高度之比为 $h/b = 2$，试选择梁的截面尺寸。

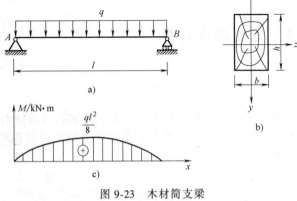

解 画出梁的弯矩图，最大弯矩在梁跨中点截面上，其值为

$$M_{max} = \frac{ql^2}{8} = \frac{3.6 \times 10^3 \times 5^2}{8} \text{N} \cdot \text{m}$$
$$= 11.25 \times 10^3 \text{N} \cdot \text{m}$$

图 9-23 木材简支梁

a）简支梁 AB b）梁的横截面 c）弯矩图

由强度条件 $\sigma_{max} = \dfrac{M_{max}}{W_z} \leqslant [\sigma]$ 得

$$W_z \geqslant \frac{M_{max}}{[\sigma]} = \frac{11.25 \times 10^3}{10 \times 10^6} \text{m}^3 = 1.125 \times 10^{-3} \text{m}^3$$

矩形截面抗弯截面系数为

$$W_z = \frac{bh^2}{6} = \frac{b \times (2b)^2}{6} = \frac{2b^3}{3} \geqslant 1.25 \times 10^{-3} \, \mathrm{m}^3$$

得

$$b \geqslant \sqrt[3]{\frac{3 \times 1.125 \times 10^{-3}}{2}} \, \mathrm{m} - 0.119 \mathrm{m}$$

$$h = 2b \geqslant 0.238 \mathrm{m}$$

最后可选取 240mm×120mm 的矩形截面木材梁。

例 9-8 图 9-24a 所示为一 T 形截面的铸铁外伸梁。已知许用拉应力 $[\sigma_1] = 30$MPa，许用压应力 $[\sigma_y] = 60$MPa，截面尺寸如图 9-24b 所示。截面对形心轴 z 的截面二次矩 $I_z = 763$ cm^4，$y_1 = 52$mm，试校核梁的弯曲正应力强度。

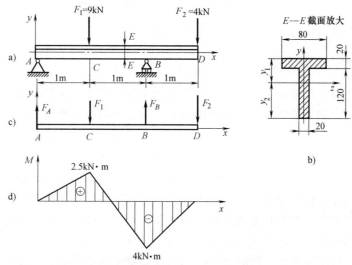

图 9-24 梁的结构、尺寸、受力及弯矩图

a) 外伸梁 b) 梁的横截面 c) 梁的受力 d) 梁的弯矩图

解 由静力平衡方程求出支座反力为

$$F_A = 2.5 \mathrm{kN}, \quad F_B = 10.5 \mathrm{kN}$$

画出弯矩图如图 9-24d 所示。最大正弯矩发生在截面 C 上，$M_C = 2.5$kN·m；最大负弯矩发生在截面 B 上，$M_B = -4$kN·m。

由于 T 形截面对中性轴 z 不对称，同一截面上的最大拉应力和压应力并不相等，因此必须分别对危险截面 B 和 C 进行强度校核。

由梁的弯曲方向可知，C 截面上的最大拉应力发生在截面下边缘各点，最大压应力发生在 C 截面的上边缘各点，分别为

$$\sigma_{1C} = \frac{M_C y_2}{I_z} = \frac{2.5 \times 10^3 \times (120 + 20 - 52) \times 10^{-3}}{763 \times 10^{-8}} \mathrm{Pa} = 28.8 \times 10^6 \mathrm{Pa} = 28.8 \mathrm{MPa}$$

$$\sigma_{yC} = \frac{M_C y_1}{I_z} = \frac{2.5 \times 10^3 \times 52 \times 10^{-3}}{763 \times 10^{-8}} \mathrm{Pa} = 17 \times 10^6 \mathrm{Pa} = 17 \mathrm{MPa}$$

B 截面上的最大拉应力发生在截面上边缘各点，最大压应力发生在截面的下边缘各点，

分别为

$$\sigma_{1B} = \frac{M_B y_2}{I_z} = \frac{4 \times 10^3 \times 52 \times 10^{-3}}{763 \times 10^{-8}} Pa = 27.3 \times 10^6 Pa = 27.3 MPa$$

$$\sigma_{yB} = \frac{M_B y_2}{I_z} = \frac{4 \times 10^3 \times (120 + 20 - 52) \times 10^{-3}}{763 \times 10^{-8}} Pa = 46.1 \times 10^6 Pa = 46.1 MPa$$

经比较可知，梁的最大拉应力发生在 C 截面的下边缘处，最大压应力发生在截面 B 的下边缘处，且有

$$\sigma_{1max} = \sigma_{1C} = 28.8 MPa < [\sigma_1] = 30 MPa$$

$$\sigma_{ymax} = \sigma_{yB} = 46.1 MPa < [\sigma_y] = 60 MPa$$

从以上强度计算可以看出，梁的强度条件是满足的。

9.5.2 弯曲切应力强度简介

梁在剪切弯曲时，横截面上除了由弯矩引起的正应力以外，还存在着由剪力引起的切应力。一般情况下，正应力是支配梁强度的主要因素，按弯曲正应力强度计算即可满足工程要求。但在某些情况下，例如跨度较短的梁，载荷较大又靠近支座的梁，腹板高而窄的组合横截面梁，焊接、铆接、胶合的梁等，有可能因梁材料的剪切强度不足而发生破坏。例如，木梁、竹竿等在弯曲变形时，往往沿纵向开裂，因此，需要讨论梁的弯曲切应力的强度。

下面简单介绍矩形截面梁的弯曲切应力计算公式和几种最常见典型截面梁的切应力最大值计算公式。在工程上，矩形横截面的梁较为常见，其横截面上的切应力方向与该截面上的剪力方向一致。切应力的大小沿截面高度呈抛物线分布，如图 9-25 所示。在梁的横截面的上下边缘 $y = \pm h/2$ 的任一点处，切应力 $\tau = 0$，而在横截面的中性轴处切应力为最大，其值为

$$\tau_{max} = 1.5 \frac{F_S}{A} \tag{9-10}$$

式中，F_S 为横截面上的剪力；A 为矩形横截面梁的横截面面积。

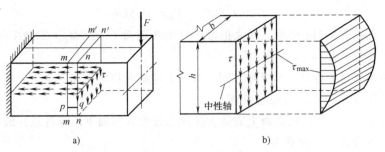

图 9-25 矩形截面梁横截面上的切应力分布规律

a）剪切弯曲梁 b）切应力的分布

可见矩形截面梁最大切应力为平均切应力的 1.5 倍，对于工字形、T 形等狭长截面的梁，其截面上的剪力主要由腹板承担，翼缘上的切应力很小，一般不与考虑，横截面上的最大切应力也在中性轴处。表 9-2 给出了常见截面梁的最大切应力近似计算公式。

表 9-2　常见截面梁的最大切应力近似计算公式

截面形状	○ d	◎ d D	I h₀ d	□ d/2 d/2 a₀
τ_{max}	$\tau_{max}=\dfrac{4}{3}\cdot\dfrac{F_S}{A}$ $A=\dfrac{\pi}{4}d^2$	$\tau_{max}=\dfrac{2F_S}{A}$ $A=\dfrac{\pi}{4}(D^2-d^2)$	$\tau_{max}=\dfrac{F_S}{A}$ $A=h_0 d$	$\tau_{max}=\dfrac{F_S}{A}$ $A=h_0 d$

梁的切应力强度条件为

$$\tau \leqslant [\tau] \tag{9-11}$$

式中，$[\tau]$ 为梁材料的许用切应力。

一般在设计梁的截面时，先按正应力条件计算，再按切应力条件校核。

9.6　梁的弯曲变形

梁为了保证能正常地工作，除了要满足强度条件外，还要具有足够的刚度，不能产生过大的变形。例如，起重机大梁在起吊重物后弯曲变形过大，会使起重机运行时产生振动、"爬坡"现象，破坏工作的平稳性；齿轮轴变形过大，会造成齿轮啮合不良，产生噪声和振动，增加齿轮、轴承的磨损，降低使用寿命，因此必须限制梁的弯曲变形。

9.6.1　梁弯曲变形的概念

设悬臂梁 AB，受载荷作用后，在弹性范围内，梁的轴线由直线被弯成一条光滑的连续曲线 AB'，该曲线称为挠曲线，如图 9-26 所示。梁的横截面形心在垂直于梁轴线方向的位移称为挠度，用 ω 表示；梁的横截面相对于变形前的位置转过的角度称为该截面的转角，用 θ 表示。挠度和转角正负规定为：在如图 9-26 所示的坐标系中，挠度向上为正，向下为负；逆时针方向的转角为正，顺时针方向的转角为负。另外，在如图所示的坐标系中，挠曲线可用函数方程表示为

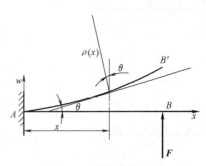

图 9-26　梁的弯曲变形

$$\omega=\omega(x) \tag{9-12}$$

式（9-12）称作梁的挠曲线方程。

由于梁横截面变形后仍垂直于梁的轴线，因此任一横截面的转角，也可以用截面形心处挠曲线的切线与 x 轴夹角来表示。由微分学可知，过挠曲线上任意点的切线与 x 轴夹角的正切就是挠曲线上该点的斜率，即

$$\tan\theta=\frac{d\omega}{dx}=\omega'$$

因为在实际工程中，转角 θ 一般都很小，所以 $\tan\theta \approx \theta$，于是

$$\theta = \frac{d\omega}{dx} = \omega' \tag{9-13}$$

可见，如果能建立梁变形后的挠曲线方程，就能通过微分得到转角方程，那么梁的任意截面上的挠度 ω 与转角 θ 均可求得。

9.6.2 用叠加法求梁的变形

表 9-3 给出了梁在简单载荷作用下的挠曲线方程、端截面转角和最大挠度。

表 9-3 梁在简单载荷作用下的挠曲线方程、端截面转角和最大挠度

梁的简图	挠曲线方程	端截面转角	最大挠度
	$\omega = \dfrac{M_e x^2}{2EI_z}$	$\theta_A = -\dfrac{M_e l}{EI_e}$	$\omega_B = \dfrac{-M_e l^2}{2EI_z}$
	$\omega = \dfrac{-Fx^2}{6EI_z}(3l-x)$	$\theta_B = -\dfrac{Fl^2}{2EI_z}$	$\omega_B = -\dfrac{Fl^3}{3EI_z}$
	$\omega = -\dfrac{Fx^2}{6EI_z}(3a-x)$, $0 \le x \le a$ $\omega = -\dfrac{Fa^2}{6EI_z}(3x-a)$, $a \le x \le l$	$\theta_B = -\dfrac{Fa^2}{2EI_z}$	$\omega_B = -\dfrac{Fa^2}{6EI_z}(3l-a)$
	$\omega = -\dfrac{qx^2}{24EI_z}(x^2-4lx+6l^2)$	$\theta_B = -\dfrac{ql^3}{6EI_z}$	$\omega_B = -\dfrac{ql^4}{8EI_z}$
	$\omega = -\dfrac{M_e x}{6EI_z l}(l-x)(2l-x)$	$\theta_A = -\dfrac{M_e l}{3EI_z}$ $\theta_B = \dfrac{M_e l}{6EI_z}$	$x = \left(1-\dfrac{1}{\sqrt{3}}\right)l$, $\omega_{max} = -\dfrac{M_e l^2}{9\sqrt{3}EI_z}$; $x = \dfrac{l}{2}$, $\omega = \dfrac{M_e l^2}{16EI_z}$

（续）

梁的简图	挠曲线方程	端截面转角	最大挠度
	$\omega = \dfrac{M_e x}{6EI_z l}(l^2 - 3b^2 - x^2)$, $0 \leqslant x \leqslant a$ $\omega = \dfrac{M_e}{6EI_z l}[-x^3 + 3l(x-a)^2 + (l^2 - 3b^2)x]$, $a \leqslant x \leqslant l$	$\theta_A = \dfrac{M_e}{6EI_z l}(l^2 - 3b^2)$ $\theta_B = \dfrac{M_e}{6EI_z l}(l^2 - 3a^2)$	
	$\omega = -\dfrac{Fx}{48EI_z}(3l^2 - 4x^2)$, $0 \leqslant x \leqslant \dfrac{l}{2}$	$\theta_A = -\theta_B$ $= -\dfrac{Fl^2}{16EI_z}$	$\omega_{\max} = -\dfrac{Fl^3}{48EI_z}$
	$\omega = -\dfrac{Fbx}{6EI_z l}(l^2 - x^2 - b^2)$, $0 \leqslant x \leqslant a$ $\omega = -\dfrac{Fb}{6EI_z l}\left[\dfrac{l}{b}(x-a)^3 + (l^2 - b^2)x - x^3\right]$, $0 \leqslant x \leqslant l$	$\theta_A = -\dfrac{Fab(l+b)}{6EI_z l}$ $\theta_B = \dfrac{Fab(l+a)}{6EI_z l}$	设 $a > b$, $x = \sqrt{\dfrac{l^2 - b^2}{3}}$ 处, $\omega_{\max} = -\dfrac{Fb\sqrt{(l^2-b^2)^3}}{9\sqrt{3}EI_z l}$; 在 $x = \dfrac{l}{2}$ 处, $\omega_{l/2} = -\dfrac{Fb(3l^2 - 4b^2)}{48EI_z}$
	$\omega = -\dfrac{qx}{24EI_z}(l^3 - 2lx^2 + x^3)$	$\theta_A = -\theta_B$ $= -\dfrac{ql^3}{24EI_z}$	$\omega_{\max} = -\dfrac{5ql^4}{384EI_z}$
	$\omega = \dfrac{Fax}{6EI_z l}(l^2 - x^2)$, $0 \leqslant x \leqslant l$ $\omega = -\dfrac{F(x-l)}{6EI_z l}[a(3x-l) - (x-l)^2]$, $l \leqslant x \leqslant l+a$	$\theta_A = -\dfrac{1}{2}\theta_B = \dfrac{Fal}{6EI_z}$ $\theta_C = -\dfrac{Fa}{6EI_z}(3l + 3a)$	$\omega_C = -\dfrac{Fa^2}{3EI_z}(l+a)$
	$\omega = -\dfrac{M_e x}{6EI_z}(x^2 - l^2)$, $0 \leqslant x \leqslant l$ $\omega = -\dfrac{M_e}{6EI_z}(3x^2 - 4xl + l^2)$, $l \leqslant x \leqslant l+a$	$\theta_A = -\dfrac{1}{2}\theta_B = \dfrac{M_e l}{6EI_z}$ $\theta_C = -\dfrac{M_e}{3EI_z}(l + 3a)$	$\omega_C = -\dfrac{M_e a}{6EI_z}(2l + 3a)$

（续）

梁的简图	挠曲线方程	端截面转角	最大挠度
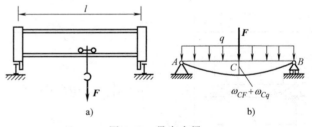	$\omega = \dfrac{qa^2}{12EI_z}\left(lx - \dfrac{x^3}{l}\right)$, $0 \leqslant x \leqslant l$ $\omega = -\dfrac{qa^2}{12EI_z}\left[\dfrac{x^3}{l} - \dfrac{(2l+a)(x-l)^3}{al} - \dfrac{(x-l)^4}{2a^2} - lx\right]$, $l \leqslant x \leqslant (l+a)$	$\theta_{\text{н}} = -\dfrac{1}{2}\theta_{\text{п}} = \dfrac{qa^2 l}{6EI_z}$ $\theta_C = -\dfrac{qa^2}{6EI_z}(l+a)$	$\omega_C = -\dfrac{qa^3}{24EI_z}(4l+3a)$

从表 9-3 可以看出，梁的挠度和转角均为载荷的一次函数，在此情况下，当梁上同时受到多个载荷作用时，由某一载荷所引起的梁的变形不受其他载荷的影响。梁的变形满足线性叠加原理；即先求出各个载荷单独作用下梁的挠度和转角，然后将它们的代数值相加，得到多个载荷同时作用时梁的挠度与转角。

9.6.3 梁的刚度条件

梁的刚度条件为

$$\left.\begin{array}{c}\omega_{\max} \leqslant [\omega] \\ \theta_{\max} \leqslant [\theta]\end{array}\right\} \tag{9-14}$$

式中，$[\omega]$ 为梁的许用挠度；$[\theta]$ 为梁的许用转角。

$[\omega]$ 和 $[\theta]$ 的具体数值可参照有关手册确定。

例 9-9 起重机大梁采用 No. 45a 工字钢，跨度 $l = 9.2\text{m}$，如图 9-27a 所示。已知电动葫芦重 5kN，最大起重量为 50kN，许用挠度 $[\omega] = \dfrac{l}{500}$，试校核吊车大梁的刚度。

解 将起重机大梁简化为如图 9-27b 所示的简支梁，视梁的自重为均布载荷 q，起重量和电动葫芦自重为集中力 F。当电动葫芦处于梁中时，大梁的变形最大，校核起重机大梁的刚度。

图 9-27 吊车大梁

a) 吊车大梁　b) 简化为简支梁

（1）利用叠加法求变形。查型钢表得 $q = 80.4\text{kg/m}\times 9.8\text{m/s}^2 = 788\text{N/m}$，$I_z = 32200\text{ cm}^4$，又 $E = 200\text{GPa}$，$F = (50+5)\text{kN} = 55\text{kN}$，查表 9-3 得

$$\omega_{CF} = \frac{Fl^3}{48EI_z} = \frac{55\times 10^3 \times 9.2^3}{48\times 200\times 10^9 \times 32200\times 10^{-8}}\text{m} = 1.38\times 10^{-2}\text{m}$$

$$\omega_{Cq} = \frac{5ql^4}{384EI_z} = \frac{5\times 788\times 9.2^4}{384\times 200\times 10^9 \times 32200\times 10^{-8}}\text{m} = 1.14\times 10^{-3}\text{m}$$

$$\omega_C = \omega_{CF} + \omega_{Cq} = (1.38\times 10^{-2} + 1.14\times 10^{-3})\text{m} = 1.49\times 10^{-2}\text{m}$$

（2）校核刚度。梁的许用挠度为

$$[\omega] = \frac{l}{500} = \frac{9.2}{500}\text{m} = 1.84\times 10^{-2}\text{m}$$

比较可知，$\omega_{\max} = \omega_C < [\omega]$，故符合刚度要求。

9.7 提高梁的强度和刚度的措施

从梁的弯曲正应力公式 $\upsilon_{max}=\dfrac{M_{max}}{W_z}\leqslant[\sigma]$ 可知，梁的最大弯曲正应力与梁上的最大弯矩 M_{max} 成正比，与抗弯截面系数 W_z 成反比；从梁的挠度和转角的表达式可以看出，梁的变形与跨度的高次方成正比，与梁的抗弯刚度 EI_z 成反比。依据这些关系，可以采用以下措施来提高梁的强度和刚度，在满足梁的抗弯能力前提下，尽量减少消耗的材料。

1. 合理安排梁的支承

在梁的尺寸和界面形状已经设定的条件下，合理安排梁的支承，可以起到降低梁上最大弯矩的作用，同时也缩小了梁的跨度，从而提高了梁的强度和刚度。以图 9-28a 所示均布载荷作用下的简支梁为例，若将两端支座各向里侧移动 $0.2l$，如图 9-28b 所示，则梁上的最大弯矩就变成了原来的 $\dfrac{1}{5}$，同时梁上的最大挠度和最大转角也变小了。

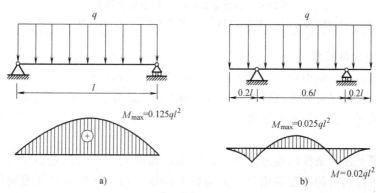

图 9-28 合理安排支座

a）简支梁 b）支座向里移动 $0.2l$

工程上常见的如图 9-29 所示的锅炉和如图 9-30 所示的龙门起重机大梁的支承不在两端，而向中间移动了一定的距离，就是这个道理。

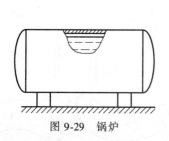

图 9-29 锅炉

图 9-30 龙门吊车

2. 合理布置载荷

当梁上的载荷大小一定时，通过合理地布置载荷，可以减小梁上的最大弯矩，提高梁的强度和刚度。以简支梁承受集中力 F 为例，如图 9-31a 所示，集中力 F 的布置形式和位置不同，梁的最大弯矩明显不同。传动轴上齿轮靠近轴承安装，如图 9-31b 所示；运输大型设备的多轮子板车，如图 9-31c 所示；起重机增加副梁，如图 9-31d 所示，均可作为简支梁上合理地布置载荷，提高抗弯能力的实例。

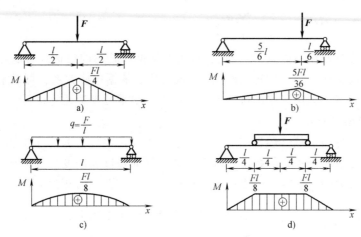

图 9-31　合理布置载荷，减小最大弯矩

a）简支梁　b）齿轮靠近轴承　c）多轮子板车　d）起重机增加副梁

3. 选择梁的合理截面

梁的合理截面应该是用较小的截面面积获得较大的抗弯截面系数。从梁横截面正应力的分布情况来看，应该尽可能将材料放在离中性轴较远的地方，因此工程上许多受弯曲构件都采用工字形、箱形、槽形等截面形状。各种型材，如型钢、空心钢管等的广泛采用也是这个道理。

当然，除了上述三条件措施外，还可以采用增加约束（即采用超静定梁）以及采用等强度梁等措施来提高梁的强度和刚度。需要指出的是，由于优质钢与普通钢的 E 值相差不大，但价格悬殊，因此用优质钢代替普通钢达不到提高梁刚度的目的，反而增加了成本。

章节小结

本章的主要内容有：

1）平面弯曲梁的横截面上有两个内力——剪力和弯矩。其正负号按变形规定如图 9-32 所示。

计算梁某横截面上的剪力和弯矩可按口诀："左上右下"，剪力为正；"左顺右逆"，弯矩为正，如图 9-32 所示，依据所求截面左段或右段上的外力的指向及对截面形心力矩的转向直接求得。

2）剪力图和弯矩图是分析梁强度和刚度问题的基础，通过剪力图和弯矩图可分析梁的危险截面。本章要求能熟练、正确地画剪力图和弯矩图。

3）平面弯曲梁横截面上正应力的计算公式为

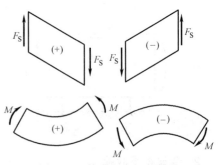

图 9-32　剪力和弯矩的符号

$$\sigma = \frac{M_y}{I_z}$$

4）梁的正应力强度条件为

$$\sigma_{\max} = \frac{M_{\max}}{W_z} \leq [\sigma]$$

5）前切弯曲时，矩形截面梁的最大切应力发生在剪力最大截面的中性轴上，可查相应的计算。梁的切应力强度条件为

$$\tau_{\max} \leq [\tau]$$

6）梁的变形用挠度 ω 和转角 θ 来度量。简单载荷作用下梁的挠曲线方程、端截面转角和最大挠度，可查表9-3。

7）工程上常用叠加法来求复杂载荷下梁的变形。

8）提高梁的强度和刚度的措施可从合理安排梁的支承、合理布置梁上的载荷和采用合理的截面等三个主要方面考虑，根据实际情况一般可采用减小梁的跨度、分散载荷、采用型钢、增加约束转化为超静定梁和采用等强度梁的方法。

课后习题

9-1 具有对称截面的直梁发生平面弯曲的条件是什么？

9-2 剪力和弯矩的正负号是怎样规定的？它与坐标的选择是否有关？与静力学中力和力偶的符号规定有何区别？

9-3 矩形截面梁的高度增加一倍，梁的承载能力增加几倍？宽度增加一倍，承载能力又增加几倍？

9-4 形状、尺寸、支承和载荷相同的两根梁，一根是钢梁，一根是铝梁，问内力图相同吗？应力分布相同吗？梁的变形相同吗？

9-5 提高梁的强度和刚度的措施主要有哪些？试结合工程实例说明。

9-6 试求如图9-33所示的各梁指定截面上的剪力和弯矩，设 q，a 已知。

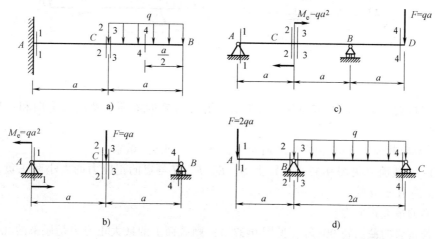

图 9-33

9-7 设 $F=10\text{kN}$，$M=20\text{kN}\cdot\text{m}$，$q=5\text{kN/m}$，$a=1\text{m}$，$b=2\text{m}$，$l=3\text{m}$，试画出如图 9-34 所示梁的剪力图和弯矩图。

9-8 画出如图 9-35 所示各梁的剪力图和弯矩图。

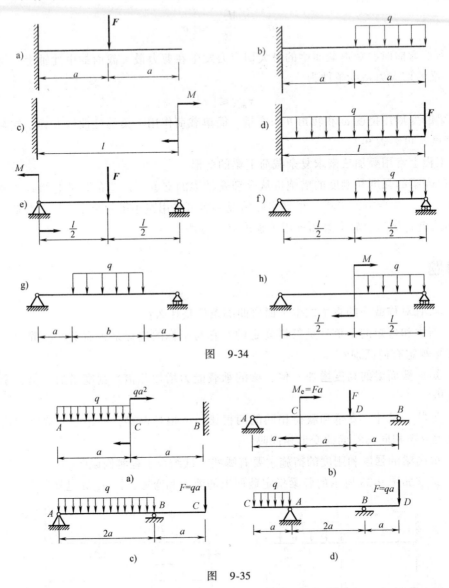

图 9-34

图 9-35

9-9 根据载荷集度、剪力和弯矩的关系，指出如图 9-36 所示梁的剪力图和弯矩图的错误，并改正。

9-10 矩形截面简支梁如图 9-37 所示，已知 $F=10\text{kN}$。试求：

（1）1—1 截面（见图 9-37a、b）上 D、E、F、H 各点的正应力的大小和正负，并画出该截面的正应力分布图。

（2）梁的最大正应力。

（3）若将梁的截面转 90°角（见图 9-37c），则截面上的最大正应力是原来的几倍。

9-11 计算如图 9-38 所示的工形梁内的最大正应力。

9-12 图 9-39 所示为一空心圆管外伸梁。已知梁的最大正应力 $\sigma_{max} = 150MPa$，外径 $D = 60mm$，试求空心圆管的内径 d。

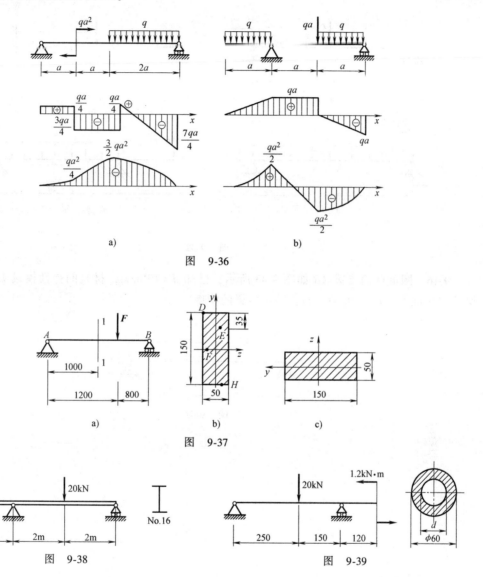

图 9-36

图 9-37

图 9-38

图 9-39

9-13 由 No.20b 工字钢制成的外伸梁，在外伸端 C 处作用集中力 F，已知 $[\sigma] = 160MPa$，尺寸如图 9-40 所示，求最大许可载荷 $[F]$。

9-14 某工厂厂房中的桥式起重设备如图 9-41 所示。梁为 No.28b 工字钢制成，电动葫芦和起重量总重 $F = 30kN$，材料的 $[\sigma] = 140MPa$，$[\tau] = 100MPa$，试校核梁的强度。

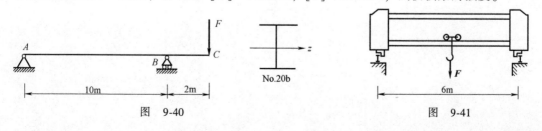

图 9-40

图 9-41

9-15 用叠加法求如图 9-42 所示的各梁中指定截面的挠度和转角，设梁的抗弯刚度 EI_z 为常量。

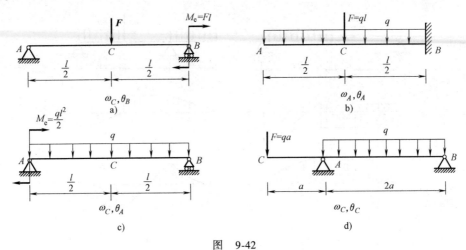

图 9-42

9-16 圆截面简支梁 AB 如图 9-43 所示，已知 $d = 130\text{mm}$，材料的弹性模量 $E = 200\text{GPa}$，梁的许用挠度 $[\omega] = 0.035\text{mm}$，试校核梁的刚度。

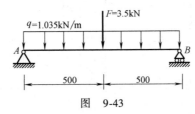

图 9-43

第 10 章

组合变形

知识导航

学习目标：了解组合变形的概念；掌握直杆拉（压）与弯曲组合的强度计算，以及弯、扭组合时强度计算。

重点：直杆拉（压）与弯曲组合的强度计算；弯、扭组合时强度计算。

难点：弯、扭组合时强度计算。

10.1 概述

前面讨论了杆件基本变形的强度和刚度计算。本章讨论组合变形时杆件的强度计算。所谓组合变形是指构件受到两种或两种以上基本变形的组合作用。例如，图 10-1 所示的悬臂式起重机的横梁 AB，在力 F、F_{Ay} 和 F_{Cy} 作用下发生弯曲变形，同时在 F_{Ax}、F_{Cx} 的作用下发生轴向压缩变形，因此横梁 AB 是弯曲与压缩组合变形；如图 10-2 所示，当横向力作用线不通过轴线时，可将横向力向截面形心简化，得到一力和一力偶，二者分别使圆轴发生弯曲和

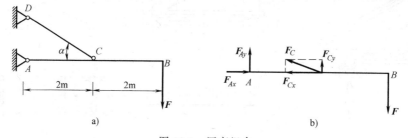

图 10-1 压弯组合

a）悬臂式起重机横梁　b）受力图

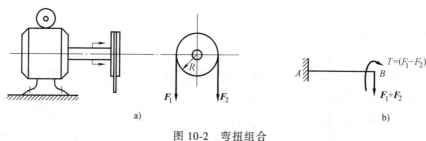

图 10-2 弯扭组合

a）电动机轴　b）力学模型

扭转，因此圆轴是弯曲与扭转组合变形。

　　构建组合变形的问题可用叠加原理研究。所谓叠加原理就是指在小变形且材料服从胡克定律的条件下，可认为组合变形中的每一种基本变形都是各自独立的，各基本变形引起的应力和变形互不影响，可分别计算出各基本变形下的应力和变形，再将基本变形下的应力和变形叠加，得到组合变形的应力和变形。

10.2　拉伸（压缩）与弯曲的组合

　　拉伸（压缩）与弯曲的组合，就是指构件同时承受拉伸（压缩）与弯曲的组合变形。这种情况在工程中是常见的。例如，图 10-3a 所示的悬臂式起重机的横梁 AB，在横向力 F、F_{Ay} 和 F_{By} 作用下发生弯曲，在 F_{Ax}、F_{Bx} 作用下发生轴向压缩，如图 10-3b 所示。起重机的横梁 AB 发生了压弯组合变形，其横截面上各点既有均匀分布的压缩正应力，又有不均匀分布的弯曲正应力，且当 F 作用在梁 AB 的中点时，是梁的危险状态。分别画出梁的轴力图和弯矩图，如图 10-3c、d 所示，由图可知，梁 AB 的中点截面是危险截面。画出危险截面上的应力分布图，然后叠加，如图 10-3e 所示。根据截面上的应力分布可知，上、下边缘各点为危险点，于是可得出发生拉伸（压缩）与弯曲组合变形时的强度条件为

$$\sigma_{\max} = \frac{|F_N|}{A} + \frac{|M_{\max}|}{W_z} \leq [\sigma] \tag{10-1}$$

　　当材料抗拉与抗压性能不同时，应分别计算 $\sigma_{l\max}$ 和 $\sigma_{y\max}$，强度条件为

$$\left.\begin{aligned}\sigma_{l\max} &\leq [\sigma_l] \\ \sigma_{y\max} &\leq [\sigma_y]\end{aligned}\right\} \tag{10-2}$$

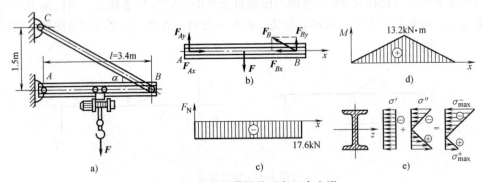

图 10-3　起重机横梁的压弯组合变形

a) 悬臂式起重机的横梁 AB　b) 横梁的受力图　c) 横梁的轴力图　d) 横梁的弯矩图　e) 横梁的应力分布图

　　例 10-1　如图 10-3a 所示的悬臂式起重机，最大起吊重量 $F = 15.5\text{kN}$，横梁 AB 为 No. 14 工字钢，许用应力 $[\sigma] = 170\text{MPa}$，不计梁的自重，试校核梁 AB 的强度。

　　解　横梁 AB 可简化为简支梁，当载荷移动到梁 AB 的中点时，是梁的危险状态。以梁 AB 为研究对象，进行受力分析如图 10-3b 所示。

　　列平衡方程，得

$$F_{Ay} = F_{By} = \frac{F}{2} = 7.75\text{kN}$$

$$F_{Ax}=F_{Bx}=F_{By}\cot\alpha=\left(7.75\times10^3\times\frac{3.4}{1.5}\right)\text{N}=17.6\times10^3\text{N}=17.6\text{kN}$$

横向力 $\boldsymbol{F}$、$\boldsymbol{F}_{Ay}$ 和 $\boldsymbol{F}_{By}$ 使梁发生弯曲变形，力 $\boldsymbol{F}_{Ax}$、$\boldsymbol{F}_{Bx}$ 使梁发生轴向压缩变形，因此，梁 AB 发生了压缩与弯曲组合变形。

画出梁 AB 的内力图如图 10-3c、d 所示。由图知，梁 AB 的中间截面为危险截面，其轴力和弯矩分别为

$$F_N=F_{Ax}=17.6\text{kN}$$

$$M_{\max}=\frac{Fl}{4}=\frac{15.5\times10^3\times3.4}{4}\text{N}\cdot\text{m}=13.2\times10^3\text{N}\cdot\text{m}=13.2\text{kN}\cdot\text{m}$$

校核梁 AB 的强度：由型钢表查得 NO.14 工字钢参数有

$$W_z=102\text{ cm}^3,\quad A=21.5\text{ cm}^2$$

因钢材抗拉与抗压强度相同，由式（10-1）得

$$\sigma_{\max}=\frac{|F_N|}{A}+\frac{|M|_{\max}}{W_z}=\left(\frac{17.6\times10^3}{21.5\times10^{-4}}+\frac{13.2\times10^3}{102\times10^{-6}}\right)\text{Pa}$$

$$=137.6\times10^6\text{Pa}=137.6\text{MPa}<[\sigma]=170\text{MPa}$$

故梁 AB 满足强度条件，是安全的。

例 10-2　试设计图 10-4 所示的夹具立柱的直径 d。已知钻孔力 $F=15$kN，偏心距 $e=300$mm，立柱材料为铸铁，许用拉应力 $[\sigma_l]=32$MPa，许用压应力 $[\sigma_y]=120$MPa。

解　将力 F 向立柱轴线简化，得轴向拉力 F 和一个力偶 $M_e=Fe$，故立柱承受拉弯组合作用。轴向拉力 F 在立柱横截面上引起均匀拉应力，力偶 M_e 在立柱横截面上引起线性分布的弯曲正应力。由叠加结果可知，立柱横截面最大拉应力与最大压应力绝对值相等，又因为 $[\sigma_l]<[\sigma_y]$，所以按许用拉应力进行设计。

由拉（压）弯强度条件得

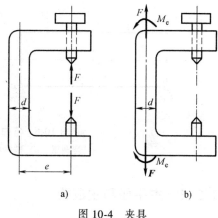

图 10-4　夹具
a) 夹具　b) 立柱受力

$$\sigma_{\max}=\frac{4F}{\pi d^2}+\frac{32Fe}{\pi d^3}\leqslant[\sigma_l]$$

$$\frac{4\times15\times10^3\text{N}}{\pi d^2}+\frac{32\times15\times10^3\text{N}\times300\text{mm}}{\pi d^3}\leqslant32\text{N/mm}^2$$

得 $d\geqslant114.5$mm。取 $d=115$mm。

10.3　应力状态和强度理论简介

10.3.1　应力状态的概念

通过研究发现，在受力构件内一点处所截取的截面方位不同，截面上应力的大小和方向

也是不同的。为了更全面地了解杆内的应力情况，分析各种破坏现象，必须研究受力构件内某一点处的各个不同方位截面上的应力情况，即研究点的应力状态。这一点处的不同方位的截面称为方位面。所谓一点的应力状态，就是过构件一点所有方位面上的应力集合。

为了描述构件内某点的应力状态，可以在该点处截取一个微小的正六面体即单元体来分析。因为单元体的边长是极其微小的，所以可以认为单元体各个面上的应力是均匀分布的，任意一对相对平面上的应力大小相等。若令单元体的边长趋于零，则单元体及其面上的应力情况就代表这一点的应力状态。因此，可以用单元体及其三对互相垂直面上的应力来表示一点的应力状态。图 10-5 表示出了轴向拉杆 A 点的单元体。

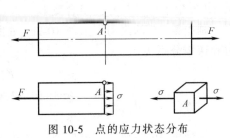

图 10-5 点的应力状态分布

需要强调的是，在确定一点的应力状态取单元体时，应尽量使其三对面上的应力易于确定。

图 10-6 表示剪切弯曲梁上、下边缘处 C 和 C′ 点的单元体。由于这些单元体上的应力均可以通过构件上的外载荷求得，所以这些单元体称为原始单元体。

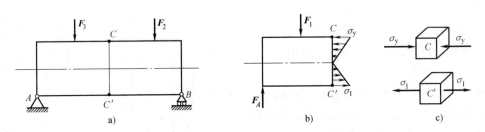

图 10-6 弯曲梁上、下边缘处点的应力状态

a) 弯曲梁　b) 横截面上的应力分布　c) 单元体的应力状态

10.3.2　主平面和主应力

一般来说，原始单元体上各个面上既存在正应力 σ，又存在切应力 τ。主平面就是指单元体上切应力等于零的平面，作用于主平面上的正应力，称为主应力，图 10-5 和图 10-6 中所示的三个单元体的三对面上均没有切应力，所以三对面均为主平面；三对面上的正应力（包括正应力为零）都是主应力。可以证明，在受力构件的任一点处，总可以找到由三个互相垂直的主平面组成的单元体，称为主单元体。相应的三个主应力分别用 σ_1、σ_2 和 σ_3 表示，并规定按它们的代数值大小顺序排列，即 $\sigma_1 \geqslant \sigma_2 \geqslant \sigma_3$。图 10-5 和图 10-6 中的三个单元体均为主单元体。

10.3.3　应力状态的分类

一点的应力状态通常用该点处的三个主应力来表示，根据主应力不等于零的数目，将应力状态分为三类：

1）单向应力状态：一个主应力不为零的应力状态。

2）二向应力状态：两个主应力不为零的应力状态，也称平面应力状态。

3）三向应力状态：三个主应力都不等于零的应力状态，也称空间应力状态。

单向应力状态又称简单应力状态，二向和三向应力状态又称为复杂应力状态。

10.3.4 二向应力状态分析简介

工程上许多受力构件的危险点都是处于二向应力状态。应力状态分析的目的是：根据已知构件上一点的某些截面上的应力，求出相应的三个主应力的大小和决定主平面的方位，找出此点的主单元体，为组合变形情况下构件的强度计算建立理论基础。

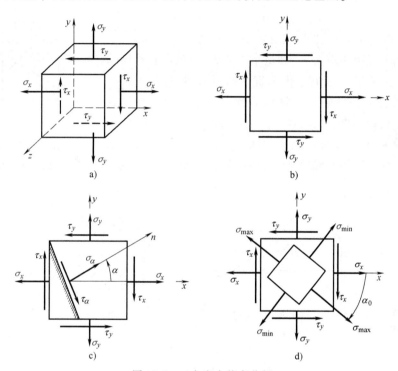

图 10-7 二向应力状态分析

a）二向应力状态的单元体 b）平面状态 c）二向应力状态主应力和主平面 d）主单元体的确定

图 10-7a 所示单元体为二向应力状态的最一般的情况。由于垂直于 z 轴的两平面上没有应力作用，即为主平面，该主平面上的主应力为零，因此，该单元体也可用图 10-7b 所示的平面状态表示。设单元体各面上的应力 σ_x、σ_y 和 τ_x、τ_y 均为已知，二向应力状态主应力和主平面由分析可得两个主平面上的最大正应力和最小正应力为

$$\left.\begin{array}{r}\sigma_{\max}\\\sigma_{\min}\end{array}\right\}=\frac{\sigma_x+\sigma_y}{2}\pm\sqrt{\left(\frac{\sigma_x-\sigma_y}{2}\right)^2+\tau_x^2} \tag{10-3}$$

利用式（10-3）时应注意符号的规定：正应力以拉应力为正，压应力为负；切应力以对单元体内任一点产生顺时针转向的力矩时为正，反之为负。

在平面应力状态下，已知一个主应力为零，则可根据 $\sigma_{\max}$ 和 $\sigma_{\min}$ 代数值的大小，按 $\sigma_1 \geqslant \sigma_2 \geqslant \sigma_3$ 排列次序，定出平面应力状态下的三个主应力。

而两个主平面的方位可由下式得出，即

$$\tan2\alpha_0 = -\frac{2\tau_x}{\sigma_x - \sigma_y} \qquad (10\text{-}4)$$

上式可确定 α_0 的两个值：α_0 和 $\alpha_0+90°$。这表明单元体上取得极大值和极小值的两个平面是相互垂直的，两个平面上的正应力也必须相互垂直。在主平面上标注主应力可按下列规则进行：σ_{max} 的作用线位置总是在 τ_x、τ_y 矢量箭头所指的那一侧，如图 10-7d 所示，据此可以做出平面应力状态下的主单元体。

平面应力状态和空间应力状态都是复杂应力状态。理论分析证明，在复杂应力状态下，单元体上最大切应力的值为

$$\tau_{max} = \frac{\sigma_1 - \sigma_3}{2} \qquad (10\text{-}5)$$

其作用面与最大主应力 σ_1 和最小主应力 σ_3 的所在平面均成 45°，且与主应力 σ_2 所在平面垂直，如图 10-8 所示。

对塑性材料（如低碳钢）制成的圆轴，由于塑性材料的抗剪强度低于抗拉强度，扭转时沿横截面破坏，如图 10-9c 所示；对脆性材料（如铸铁）制成的圆轴，由于脆性材料的抗拉强度较低，扭转时沿与轴线 45°方向破坏，如图 10-9d 所示。

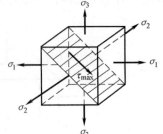

图 10-8　复杂应力状态的最大切应力

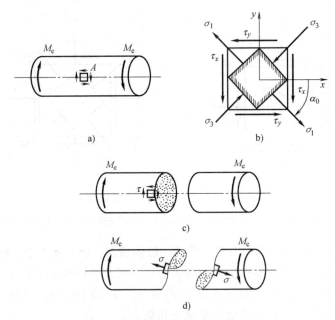

图 10-9　低碳钢和铸铁的扭转破坏

a）圆轴扭转　b）应力状态分析　c）塑性材料圆轴扭转破坏　d）脆性材料圆轴扭转破坏

10.3.5　强度理论简介

前几章中，轴向拉压、圆轴扭转和平面弯曲的强度条件，可用 $\sigma_{max} \leqslant [\sigma]$ 或 $\tau_{max} \leqslant [\tau]$ 形式表示，许用应力 $[\sigma]$ 或 $[\tau]$ 是通过材料试验测出失效（断裂或屈服）时的极限应力再除以安全因数后得出的，可见基本变形的强度条件是以实验为基础的。

但是，工程中构件的受力形式较为复杂，构件中的危险点常处于复杂应力状态。如果想通过类似基本变形的材料试验方法，测出失效时的极限应力是极其困难的。主要原因是：在复杂应力状态下，材料的失效与三个主应力的不同比例的组合有关，从而需要进行无数次的实验；另外，模拟构件的复杂受力形式所需的设备和实验方法也难以实现。所以，要想直接通过材料试验的方法来建立复杂应力状态下的强度条件是不现实的。于是，人们在试验观察、理论分析和实践检验的基础上，逐渐形成了这样的认识：材料以某种方式的失效（如断裂或屈服）主要是某一因素（如应力、应变或变形等）引起的，与材料的应力状态无关，只要导致材料失效的这一因素达到极限值，构件就会破坏。这样，人们找到了一条利用简单应力状态的实验结果来建立复杂应力状态下强度条件的途径。这些推测材料失效因素的假说称为强度理论。

材料失效破坏现象，可以归纳为两类基本形式：铸铁、石料、混凝土和玻璃等脆性材料，通常以断裂形式失效；碳钢、铜和铝等塑性材料，通常以屈服形式失效。相应地有两类强度理论：一类是关于脆性断裂的强度理论，其中有最大拉应力理论；另一类是关于塑性屈服的强度理论，其中有最大切应力理论和形状改变比能理论。

下面分别介绍三种强度理论及其相当应力。

1. 最大拉应力理论（第一强度理论）

这一理论认为：材料无论处在什么样的应力状态下，只要发生脆性断裂，其主要原因是最大拉应力达到了与材料性质有关的某一极限值。在复杂应力状态下最大拉应力即为 σ_1；而单向拉伸时只有 σ_1，当 σ_1 达到抗拉强度极限 R_m 时发生断裂，根据这一理论，即有

$$\sigma_1 = R_m$$

考虑到一定的强度储备，于是得到第一强度理论的强度设计准则为

$$\sigma_1 \leqslant \frac{R_m}{n} = [\sigma] \tag{10-6}$$

2. 最大拉应变理论（第二强度理论）

这一理论认为：材料发生断裂的主要因素是最大拉应变。不论何种应力状态，只要最大拉应变 ε_{1max} 达到极限拉应变 ε_u，材料就会发生断裂。而极限拉应变 ε_u 就是材料轴向拉伸试验的应力达到抗拉强度极限 R_m 时，材料所产生的最大拉应变，即

$$\varepsilon_{1max} = \varepsilon_u = \frac{R_m}{E}$$

由广义的胡克定律

$$\varepsilon_{1max} = \frac{1}{E}[\sigma_1 - \mu(\sigma_2 + \sigma_3)]$$

得

$$\sigma_1 - \mu(\sigma_2 + \sigma_3) = R_m$$

将 R_m 除以安全因数得许用应力 $[\sigma]$，于是得到第二强度理论的强度设计准则为

$$\sigma_1 - \mu(\sigma_2 + \sigma_3) \leqslant [\sigma]$$

3. 最大切应力理论（第三强度理论）

这一理论认为：材料无论处在什么样的应力状态下，只要发生塑性屈服，其主要原因是最大切应力达到了与材料性质有关的某一极限值。在复杂应力状态下，最大切应力为 $\tau_{max} = \dfrac{\sigma_1 - \sigma_3}{2}$；而在单向拉伸到屈服时，与轴线成 45° 的斜截面上有 $\tau_{max} = \dfrac{R_{eL}}{2}$，根据这一理论，

即有

$$\frac{\sigma_1-\sigma_3}{2}=\frac{R_{eL}}{2}或\ \sigma_1-\sigma_3=R_{eL}$$

于是，得到第三强度理论的强度设计准则即为

$$\sigma_1-\sigma_3\leqslant\frac{R_{eL}}{n}=[\,\sigma\,] \qquad (10\text{-}7)$$

4. 形状改变比能理论（第四强度理论）

构件受力后，其形状和体积都会发生改变，同时构件内部也积蓄了一定的变形能。积蓄在单位体积内的变形能称为形状改变比能。这一理论认为：材料无论处在什么样的应力状态下，只要发生塑性屈服，其主要原因是形状改变比能达到了其单向拉伸屈服时的极限值。

可以证明，复杂应力状态下的形状改变比能为

$$u_d=\frac{1+\mu}{6E}[\,(\sigma_1-\sigma_2)^2+(\sigma_2-\sigma_3)^2+(\sigma_3-\sigma_1)^2\,]$$

而单向拉伸屈服的形状改变比能为

$$u_d=\frac{1+\mu}{3E}R_{eL}^2$$

于是得到第四强度理论的强度设计准则为

$$\sqrt{\frac{1}{2}[\,(\sigma_1-\sigma_2)^2+(\sigma_2-\sigma_3)^2+(\sigma_3-\sigma_1)^2\,]}\leqslant\frac{R_{eL}}{n}=[\,\sigma\,] \qquad (10\text{-}8)$$

四种强度理论的强度设计准则可以用统一的形式来表达

$$\sigma_r\leqslant[\,\sigma\,] \qquad (10\text{-}9)$$

式中，σ_r 称为相当应力。它由三个主应力按一定的形式组合而成。

材料的失效是一个极其复杂的问题，四种常用的强度理论都是在一定的历史条件下产生的，受到经济发展和科学技术水平的制约，都有一定的局限性。大量的工程实践和实验结果表明，上述四种强度理论的适用范围与材料的类别和应力状态有关，一般认为，脆性材料通常以断裂形式失效，宜采用第一或第二强度理论，塑性材料通常以屈服形式失效，宜采用第三或第四强度理论。

10.4　弯曲与扭转组合变形

实际工程中的转轴，一般都在弯曲与扭转的组合作用下工作。在弯曲和扭转的共同作用下，圆轴的横截面上必然产生弯曲正应力和扭转切应力。现以图 10-10a 所示电动机转轴为例，讨论弯曲与扭转的强度计算。轴的外伸端装一带轮，两边的带拉力分别为 F_{T1} 和 F_{T2}（$F_{T1}>F_{T2}$），轮的自重不计。

1. 外力向杆件截面形心简化

先把带拉力 F_{T1} 和 F_{T2} 分别向 B 截面圆心平移，得到一个作用在 E 点的合力 $F=F_{T1}+F_{T2}$ 和一个作用在 B 端的力偶 $M_1=(F_{T1}-F_{T2})\dfrac{D}{2}$，如图 10-10b 所示。力 F 引起弯曲，力偶 M_1 引起扭转，可知轴 AB 受弯曲与扭转的组合作用。

2. 画内力图确定危险截面

画出弯扭组合作用下圆轴的弯矩图和扭矩图，如图 10-10c、d 所示。可以看出，E 截面是危险截面。

3. 确定危险点建立强度条件

画出危险截面 E 上弯曲正应力和扭转切应力分布图，如图 10-10e 所示，该截面上的前、后边缘 a、b 两点的弯曲正应力和扭转切应力同时达到最大值，所以 a、b 两点为危险截面 E 上的危险点。以 a 点为例，取 a 点的原始单元体，如图 10-10f 所示，其应力状态为平面应力状态，且有

$$\sigma = \frac{M}{W_z}, \quad \tau = \frac{\tau}{W_p}$$

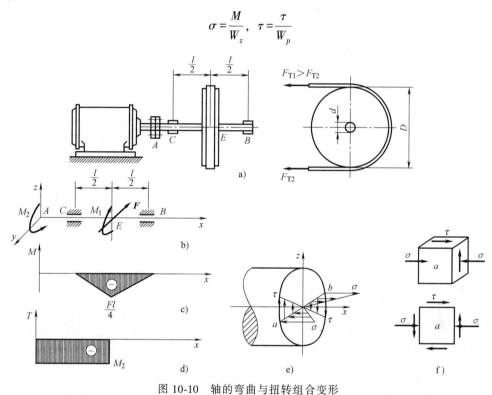

图 10-10　轴的弯曲与扭转组合变形

a）电动机转轴　b）力学模型　c）弯矩图　d）扭矩图　e）应力分布图　f）危险点的应力状态

一般受弯曲与扭转的组合作用的转轴，由塑性材料制成，故可用第三强度理论或第四强度理论设计准则作为强度设计的依据。按照第三强度理论和第四强度理论的强度条件，将 σ 和 τ 的表达式代入式（10-7）和式（10-8），并注意到有 $W_p = 2W_z$，得

$$\sigma_{r3} = \frac{\sqrt{M^2 + T^2}}{W_z} \leqslant [\sigma] \tag{10-10}$$

$$\sigma_{r4} = \frac{\sqrt{M^2 + 0.75T^2}}{W_z} \tag{10-11}$$

需要强调的是，式（10-10）和式（10-11）只适用于塑性材料制成的圆截面杆在弯曲与扭转组合变形时的强度计算。当圆轴在两个互相垂直的平面内同时发生弯曲与扭转的组合变形时，式（10-10）和式（10-11）中的 M 在圆轴两个互相垂直的平面内弯曲时，由同一截

面的弯矩合成得到，即 $M^2 = M_y^2 + M_z^2$。上式可以进行强度校核，也可以用来进行截面设计和确定许可载荷。

例 10-3 图 10-11a 所示传动轴 AB，通过作用在联轴器上的力偶 M 带动，再通过带轮 C 输出。已知带轮直径 $D = 500\text{mm}$，带紧边拉力 $F_1 = 8\text{kN}$，带松边拉力 $F_2 = 4\text{kN}$，轴直径 $d = 90\text{mm}$，$a = 0.5\text{mm}$，材料许用应力 $[\sigma] = 50\text{MPa}$，试按第四强度理论校核轴的强度。

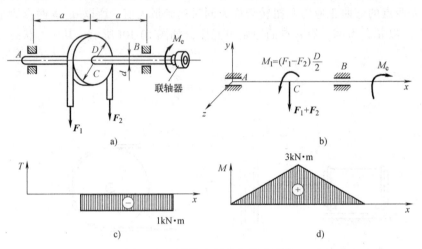

图 10-11 轴的弯扭组合强度计算

a）转轴 AB b）力学模型 c）轴的扭矩图 d）轴的弯矩图

解 （1）外力分析。将作用在带轮上的拉力 F_1 和 F_2 向截面形心简化，结果如图 10-11b 所示。可以看出，此轴属于弯扭组合变形。

根据轴的力偶平衡条件得

$$M_e = M_1 = \frac{F_1 D}{2} - \frac{F_2 D}{2} = \frac{(F_1 - F_2)D}{2} = \frac{(8-4) \times 10^3 \times 0.5}{2}\text{N} \cdot \text{m} = 1 \times 10^3 \text{N} \cdot \text{m}$$

传动轴受垂直向下的合力为

$$F_1 + F_2 = (8+4)\text{kN} = 12\text{kN}$$

（2）内力分析。分别画出轴的扭矩图和弯矩图，如图 10-11c、d 所示，由内力图可以判断带轮右侧截面为危险截面。危险截面上的弯矩和扭矩的数值分别为

$$M = 3\text{kN} \cdot \text{m}, \quad T = 1\text{kN} \cdot \text{m}$$

（3）强度校核。危险截面的上、下边缘点是危险点，按第四强度理论，由式（10-11）得

$$\sigma_{r4} = \frac{\sqrt{M^2 + 0.75T^2}}{W_z} = \frac{32\sqrt{M^2 + 0.75T^2}}{\pi d^3} = \frac{32\sqrt{(3^2 + 0.75 \times 1^2) \times 10^6}}{\pi (90 \times 10^{-3})^3}$$

$$= 42.8 \times 10^6 \text{Pa} = 42.8\text{MPa} < [\sigma] = 50\text{MPa}$$

由计算结果可知，该轴满足强度要求。

例 10-4 电动机驱动斜齿轮轴转动，轴的直径 $d = 25\text{mm}$，轴的许用应力 $[\sigma] = 150\text{MPa}$，斜齿轮的分度圆直径 $D = 200\text{mm}$。斜齿轮啮合力的三个分力是：圆周力 $F_t = 1900\text{N}$，径向力 $F_r = 740\text{N}$，轴向力 $F_a = 660\text{N}$，如图 10-12a 所示，按第三强度理论校核轴的强度。

解 （1）外力分析。把作用在齿轮边缘上的圆周力 F_t 和轴向力 F_a 平移到轴线上，径向力 F_r 滑移到轴线上，并去掉齿轮得到 AB 轴的受力简图，如图 10-12b 所示。平移后得附

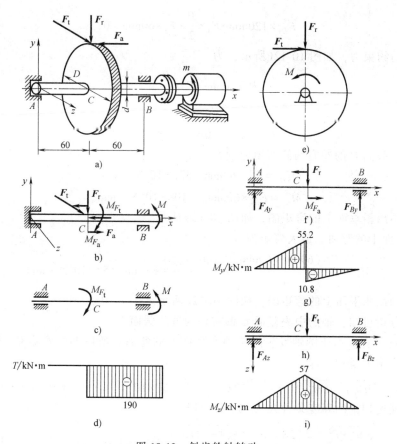

图 10-12　斜齿轮轴转动

a）电动机驱动斜齿轮轴　b）力学模型　c）扭转变形　d）扭矩图　e）侧视图
f）铅垂面的弯曲　g）铅垂面的弯矩图　h）水平面的弯曲　i）水平面的弯矩图

加力偶矩为

$$M_{F_t} = \frac{F_t D}{2} = (1900 \times 100)\,\mathrm{N \cdot mm} = 19 \times 10^4\,\mathrm{N \cdot mm}$$

$$M_{F_a} = \frac{F_a D}{2} = (660 \times 100)\,\mathrm{N \cdot mm} = 66 \times 10^3\,\mathrm{N \cdot mm}$$

可见，圆轴 AB 在径向力 F_r 和附加力偶矩 M_{F_a} 的作用下发生铅垂面上的弯曲；圆轴 AB 在圆周力 F_t 的作用下发生水平面上的弯曲；圆轴的 CB 段在附加力偶矩 M_{F_t} 和电动机驱动力偶的共同作用下发生扭转，AC 段却没有扭转变形。

圆轴的 AC 段在轴向力 F_a 的作用下发生压缩变形，但由于它的正应力比弯曲正应力小得多，所以一般都不予考虑。

即圆轴的 CB 段发生两个平面的弯曲与扭转的组合变形。

（2）内力分析。

1）扭转。圆轴 CB 段的扭矩力矩处处相等，如图 10-12c、d 所示，为

$$T = M_{F_t} = M = 19 \times 10^4\,\mathrm{N \cdot mm}$$

2）铅垂面上的弯曲。先由静力学平衡方程 $\sum M_A(\boldsymbol{F}) = 0$，有

$$F_{By} \times 120\text{mm} + F_a \times \frac{D}{2} - F_r \times 60\text{mm} = 0$$

得轴承的约束力，如图 10-12f 所示，为

$$F_{By} = \frac{F_r \times 60\text{mm} - F_a \times \frac{D}{2}}{120\text{mm}} = -180\text{N}$$

$$F_{Ay} = F_r - F_{By} = 740\text{N} - (-180\text{N}) = 920\text{N}$$

所以中央截面 C 的左右两侧弯矩分别为

$$M_{Cy}^- = F_{Ay} \times 60\text{mm} = 552 \times 10^2 \text{N} \cdot \text{mm}$$

$$M_{Cy}^+ = F_{By} \times 60\text{mm} = -108 \times 10^2 \text{N} \cdot \text{mm}$$

由此可画出铅垂面上的弯矩图，如图 10-12g 所示。

3）水平面上的弯曲。最大弯矩为

$$M_{Cz} = \frac{F_t \ (60\text{mm} + 60\text{mm})}{4} = \frac{1900 \times 120}{4}\text{N} \cdot \text{mm} = 57 \times 10^3 \text{N} \cdot \text{mm}$$

由此可画出水平面上的弯矩图，如图 10-12i 所示。

由以上分析可知，轴的中央截面 C 偏右处为危险截面。

（3）强度计算。由于圆轴发生的是两个平面上的弯曲，所以两个弯矩 M_{Cy}^+ 和 M_{Cz} 不可求代数和，而应求矢量和，即

$$M_C^+ = \sqrt{(M_{Cy}^+)^2 + (M_{Cz})^2} = \sqrt{(-108 \times 10^2)^2 + (57 \times 10^3)^2}\text{N} \cdot \text{mm} = 58 \times 10^3 \text{N} \cdot \text{mm}$$

按第三强度理论的强度条件式（10-10）可得

$$\sigma_{r3} = \frac{\sqrt{M^2 + T^2}}{W_z} = \frac{\sqrt{(58 \times 10^3)^2 + (190 \times 10^3)^2}}{\dfrac{\pi \times 25^3}{32}}\text{MPa} = 130\text{MPa} < [\sigma] = 150\text{MPa}$$

所以，此轴有足够的强度。

章节小结

本章的主要内容有：

1）用叠加法求解组合变形杆件强度问题的步骤是：①对杆件进行受力分析，确定杆件是由哪些基本变形的组合。②分别画出各基本变形的内力图。③确定危险截面上危险点和应力分布。④运用强度理论进行计算。

2）拉伸或压缩与弯曲组合变形的塑性材料的强度条件为

$$\sigma_{\max} = \frac{|F_N|}{A} + \frac{|M_{\max}|}{W_z} \leqslant [\sigma]$$

3）弯曲与扭转组合变形塑性材料圆轴的强度条件为

$$\sigma_{r3} = \frac{\sqrt{M^2 + T^2}}{W_z} \leqslant [\sigma]$$

$$\sigma_{r4} = \frac{\sqrt{M^2 + 0.75T^2}}{W_z}$$

对于两个互相垂直的平面内弯曲与扭转的组合变形，则有 $M^2 = M_y^2 + M_z^2$。

4）一点处的应力状态是指受力构件某点处在各个不同方位截面上的应力情况。一点处的应力状态可采用单元体来表示。过受力构件的某点，总可以找到一个主单元体，其上作用着三个主应力 $\sigma_1 \geqslant \sigma_2 \geqslant \sigma_3$。它是解释材料失效和建立强度理论的基础。

主应力公式：

$$\left.\begin{array}{c}\sigma_{\max}\\[6pt]\sigma_{\min}\end{array}\right\} = \frac{\sigma_x + \sigma_y}{2} + \sqrt{\left(\frac{\sigma_x - \sigma_y}{2}\right)^2 + \tau_x^2}$$

主平面位置公式：

$$\tan 2\alpha_0 = -\frac{2\tau_x}{\sigma_x - \sigma_y}$$

最大切应力公式：

$$\tau_{\max} = \frac{\sigma_1 - \sigma_3}{2}$$

5）强度理论就是关于材料失效原因的假说。它利用单向拉伸的实验结果来建立复杂应力状态下的强度条件，即

$$\sigma_r \leqslant [\sigma]$$

第一、三和第四强度理论的相当应力分别为

$$\sigma_{r1} = \sigma_1$$
$$\sigma_{r3} = \sigma_1 - \sigma_3$$
$$\sigma_{r4} = \sqrt{\frac{1}{2}\left[(\sigma_1 - \sigma_2)^2 + (\sigma_2 - \sigma_3)^2 + (\sigma_3 - \sigma_1)^2\right]}$$

其适用范围主要取决于材料的类别：对脆性材料，用第一强度理论；对塑性材料，用第三和第四强度理论。

课后习题

10-1 当杆件发生拉压与弯曲的组合变形时，如何计算最大正应力？

10-2 为什么拉弯组合变形时只需校核拉应力强度，而压弯组合变形时脆性材料要同时校核压应力强度和拉应力强度？

10-3 什么是一点的应力状态？如何表示一点的应力状态？为什么要研究一点的应力状态？

10-4 如何理解主应力？三个主应力如何排序？主应力和正应力有何区别？

10-5 为什么要提出强度理论？常用的强度理论是什么？它们的适用范围如何？

10-6 压力机机架材料为铸铁，其受力情况如图 10-13 所示。从强度方面考虑，其横截面 m—m 采用图 10-13a、b、c 哪种截面形状合理？为什么？

10-7 T 形截面铸铁悬臂梁受力如图 10-14 所示，力 F 作用线沿铅锤方向。试从提高强

度的角度分析，在图中所示的两种位置方式中选择哪一种最合理？为什么？

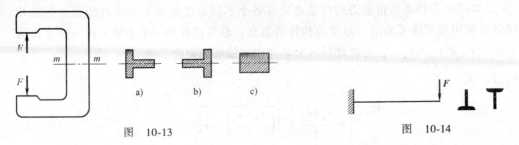

图 10-13

图 10-14

10-8 如图 10-15 所示的简支梁为 No.22a 工字钢。已知 $F = 100kN$，$l = 1.2m$，材料的许用应力 $[\sigma] = 160MPa$，试校核梁的强度。

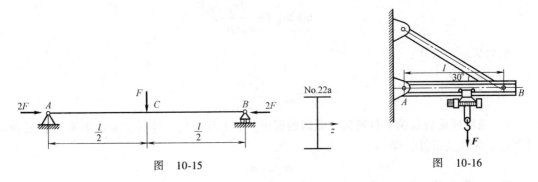

图 10-15

图 10-16

10-9 图 10-16 所示为一简易起重机，已知电动葫芦自重和起吊的重量总和 $F = 16kN$，横梁 AB 采用工字钢，许用应力 $[\sigma] = 120MPa$，梁的长度 $l = 3.4m$，试选择横梁 AB 的工字钢型号。

10-10 一钢制构件，已知 $[\sigma] = 120MPa$，试校核该构件的强度。危险点的主应力为

（1） $\sigma_1 = -50MPa$，$\sigma_2 = -70MPa$，$\sigma_3 = -160MPa$。

（2） $\sigma_1 = 60MPa$，$\sigma_2 = 0$，$\sigma_3 = -50MPa$。

10-11 如图 10-17 所示，已知圆片铣刀的切削力 $F_t = 2kN$，$F_r = 0.8kN$，圆片铣刀的直径 $D = 90mm$，铣刀轴材料的许用应力 $[\sigma] = 100MPa$，试按第三强度理论设计铣刀轴的直径 d。

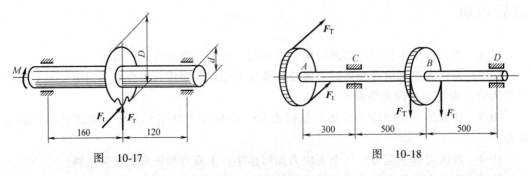

图 10-17

图 10-18

10-12 如图 10-18 所示转轴传递的功率 $P = 8kW$，转速 $n = 50r/min$，轮 A 带的张力沿水平方向，轮 B 带的张力沿竖直方向，两轮的直径均为 $D = 1m$，重力均为 $G = 5kN$，带张力 $F_T = 3F_t$，轴材料的许用应力 $[\sigma] = 90MPa$，轴的直径 $d = 70mm$，试按第三强度理论校核轴的强度。

第 11 章

压杆稳定性问题

知识导航

    学习目标：了解压杆稳定的概念和重要性；掌握细长压杆的临界力计算；了解欧拉公式的适用范围和经验公式；掌握压杆稳定校核；了解提高压杆稳定性的措施。

    重点：两端铰支细长压杆的欧拉公式；柔度及压杆的分类；临界应力总图；压杆稳定性的校核。

    难点：临界应力总图的意义；杆件失稳方向的判定。

    细长杆受压时，会出现与强度、刚度失效全然不同的失效现象。因此，对于轴向拉压杆件，除应考虑其强度与刚度问题外，还应考虑其稳定性问题。本章将介绍压杆稳定性概念、细长压杆临界载荷和临界应力的计算方法，以及压杆稳定性的校核和提高压杆稳定性的措施。

11.1 压杆稳定性概念

    受拉低碳钢杆件的应力在达到屈服强度或抗拉强度时，即发生塑性变形或断裂，而受压的低碳钢或铸铁短柱在压到一定程度时，也有类似的现象发生，这就是杆件的强度、刚度失效。但对于细长的杆件在受压时，却表现出与前全然不同的现象。

    例如，一根较长的竹竿受压时，开始轴线为直线，接着被压弯而发生明显的弯曲变形，最后折断。如图 11-1 所示的两端铰支的细长压杆，当轴向压力 F 逐渐增大，但在小于某一极限值时，杆件一直保持直线形状的平衡形式；如果从横向施加很微小的侧向干扰力，则会产生轻微弯曲，如图 11-1a 所示。但当干扰力解除后，它仍能恢复直线形状，如图 11-1b 所示。这表明直线形状的平衡是稳定的。而当压力 F 再增大到某一极限值时，压杆直线形状的平衡就变为不稳定。这时，用微小的侧向干扰力使之轻微弯曲，在干扰力解除后，就不再恢复原来的直线形状而保持曲线形状的平衡，如图 11-1c 所示。上述压力 F 的极限值称为细长压杆的临界载荷或临界压力，记为 F_{cr}。压杆在临界载荷的作用下失去了直线平衡而

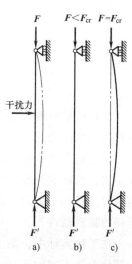

图 11-1　细长杆受压变形
a）轻微弯曲　b）恢复
c）不再恢复

转为曲线平衡。这种由于构件平衡形式的突然转变而引起的失效称之为失稳。压杆失稳后，压力的微小增加将会导致杆件的弯曲变形显著加大，从而丧失原设计的承受载荷的能力，加之这种失稳又是突然发生的，所以，结构中受压构件的失稳往往会造成很严重的后果，甚至会导致整个结构物的倒塌。

与细长压杆的失稳相似，其他形状的受力构件也会发生失稳现象，例如狭长的板条式梁在平面内弯曲时，会因载荷达到临界值而发生侧向弯曲，并伴随扭转，如图 11-2 所示，这也是稳定性不足而引起的失效。

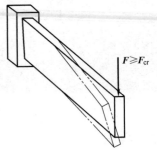

图 11-2　狭长板条的
受压失稳

压杆的失稳不同于压杆的强度失效。根据压杆的强度准则，压杆可承受 $F \leqslant A[\sigma]$ 的载荷，但对于轴向受压的细长杆，则远不能承受这么大的载荷，在轴向压力 F 远小于 $A[\sigma]$ 时，杆就会弯曲而折断，也就是压杆的破坏并不是由于抗压强度不足而是由于稳定性不足所致。

11.2　压杆的临界载荷和临界应力

11.2.1　临界载荷的欧拉公式

临界载荷是使压杆保持直线平衡状态的最大载荷。确定压杆临界载荷的方法比较多，用"静力方法"导出的两端铰支、等截面细长压杆（见图 11-3）的临界载荷计算公式为

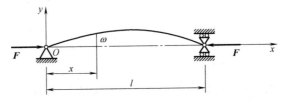

图 11-3　两端铰支、等截面细长压杆的临界载荷

$$F_{cr} = \frac{\pi^2 EI}{l^2}$$

此式最早由瑞士数学家欧拉于 1744 年提出，通常称为临界载荷的欧拉公式。

由上式可以看出，压杆的临界载荷 F_{cr} 与杆的弯曲刚度 EI 成正比，与杆的长度 l 的二次方成反比。但应当注意，有时可能需要计算几个方向失稳时的临界载荷，应取其中最小者作为压杆的临界载荷。

在工程实际中，除上述两端为铰支的压杆外，还可能遇到有其他支座形式的压杆。例如千斤顶的受压螺杆，如图 11-4 所示，其下端可简化为固定端，而上端因可与顶起的重物一同作侧向位移，故简化为自由端。这样的细长压杆的支座条件就是

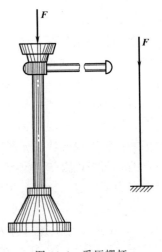

图 11-4　受压螺杆

一端自由而另一端固定。杆端支座对压杆变形起约束作用，不同形式的支座对压杆变形的约束作用是不同的，因此其临界载荷值必然会不同。这里将几种常见的不同支座条件下的等截面细长压杆的临界载荷公式列于表 11-1 中。由表中可以看出，在各临界载荷的欧拉公式中，只是分母中前面的系数不同，因此将各临界载荷的欧拉公式统一写成

$$F_{cr} = \frac{\pi^2 EI}{(\mu l)^2}$$ (11-1)

式中，μl 为计算长度；μ 为长度因数。

式（11-1）即为欧拉公式的普遍形式。

表 11-1　不同支座条件下等截面细长压杆的临界载荷公式

支座条件	两端铰支	一端固定，一端自由	一端固定，一端可上下移动（不能转动）	一端固定，一端铰支
临界载荷公式	$F_{cr} = \dfrac{\pi^2 EI}{l^2}$	$F_{cr} = \dfrac{\pi^2 EI}{(2l)^2}$	$F_{cr} = \dfrac{\pi^2 EI}{(0.5l)^2}$	$F_{cr} = \dfrac{\pi^2 EI}{(0.7l)^2}$
计算长度	l	$2l$	$0.5l$	$0.7l$
长度因数	$\mu = 1$	$\mu = 2$	$\mu = 0.5$	$\mu = 0.7$

11.2.2　临界应力的欧拉公式

压杆在临界载荷的作用下保持直线平衡状态时，其横截面上的平均应力称为压杆的临界应力，用 σ_{cr} 表示，即

$$\sigma_{cr} = \frac{F_{cr}}{A} = \frac{\pi^2 E}{(\mu l)^2} \frac{I}{A}$$

式中，A 为压杆的横截面面积。

若令 $\dfrac{I}{A} = i^2$，这里 i 为惯性半径，则上式可写为

$$\sigma_{cr} = \frac{\pi^2 E}{\left(\dfrac{\mu l}{i}\right)^2}$$

引用量纲为 1 记号 λ，λ 称为柔度，即

$$\lambda = \frac{\mu l}{i}$$ (11-2)

于是可得计算临界应力的公式为

$$\sigma_{cr} = \frac{\pi^2 E}{\lambda^2}$$ (11-3)

式（11-3）为欧拉公式的另一种表达形式。这两种不同的表达形式并无本质上的区别。它们都是在材料服从胡克定律的基础上导出的。式中，λ 综合地反映了压杆长度、截面形状与尺寸，以及支承情况对临界应力的影响。另从式中还可看出，当 E 值一定时，σ_{cr} 与 λ^2 成反比。这表明，由一定材料制成的压杆，临界载荷仅仅决定于柔度，λ 值越大，σ_{cr} 越小。

11.2.3 欧拉公式的适用范围

因为欧拉公式是根据挠曲线近似微分方程建立的，只有在线弹性范围内才是适用的，即该方程适用于压杆横截面上的应力不超过材料的比例极限 σ_P 的情况，所以欧拉公式式 (11-1) 或式 (11-3) 的适用范围为

$$\sigma_{cr} = \frac{\pi^2 E}{\lambda^2} \leqslant \sigma_p \text{ 或 } \lambda \geqslant \pi\sqrt{\frac{E}{\sigma_p}}$$

若令

$$\lambda_p = \pi\sqrt{\frac{E}{\sigma_p}}$$

则上述适用范围又可写成

$$\lambda \geqslant \lambda_p = \pi\sqrt{\frac{E}{\sigma_p}}$$

式中，λ_p 是对应于材料的比例极限 σ_p 的柔度值，不同材料的压杆，其 λ_p 数值不同。例如，对于 Q235 钢，已知 $E = 2.06 \times 10^5 \text{MPa}$，$\sigma_p = 200 \text{MPa}$，将其代入上式得

$$\lambda_p = \pi\sqrt{\frac{E}{\sigma_p}} = \pi\sqrt{\frac{2.06 \times 10^5}{200}} \approx 100$$

这说明由 Q235 钢制成的压杆，只有当 $\lambda_p \geqslant 100$ 时，才可以使用欧拉公式。其他材料的 λ_p 值可参见表 11-2。

11.2.4 压杆按柔度分类及临界载荷的计算

根据柔度的大小，将压杆分为三类，即

(1) 大柔度杆 对于满足条件 $\lambda \geqslant \lambda_p$ 的压杆，通常称为大柔度杆。大柔度杆用欧拉公式计算其临界载荷，即 $F_{cr} = \sigma_{cr} A$，其中 σ_{cr} 可由式 (11-3) 计算出。

(2) 中柔度杆 满足下列条件的压杆称为中柔度杆，即

$$\lambda_s \leqslant \lambda < \lambda_p$$

式中，λ_s 按下式计算：

$$\lambda_s = \frac{a - R_{eL}}{b}$$

式中，R_{eL} 为材料的屈服强度；a 和 b 均是与材料力学性能有关的常数，单位为 MPa。

几种常用材料的 a 和 b 值由表 11-2 列出。

中柔度压杆一般采用直线公式计算其临界载荷。直线公式是经过大量的实验分析而建立起来的经验公式。该公式的一般表达式为

$$\sigma_{cr} = a - b\lambda \tag{11-4}$$

中柔度压杆临界载荷为

$$F_{cr} = \sigma_{cr} A$$

表 11-2　几种常用材料的直线公式常数 a、b 值和柔度 λ_p、λ_s

材料	a/MPa	b/MPa	λ_p	λ_s
硅钢	577.0	3.740	100	60
优质钢	461.0	2.568	86	11
铬钼钢	980.0	5.290	55	0
硬铝	372.0	2.140	50	0
铸铁	332.0	1.453	—	—
松木	28.7	0.199	59	0

（3）小柔度杆　对于满足条件 $\lambda < \lambda_\mathrm{s}$ 的压杆，称为小柔度杆。小柔度杆一般不发生失稳，而发生屈服（塑性材料）或脆性断裂（脆性材料）。因此，其临界应力的表达式为

$$\sigma_{\mathrm{cr}}=\begin{cases} R_{\mathrm{eL}} & （塑性材料）\\ R_{\mathrm{m}} & （脆性材料）\end{cases} \quad (11\text{-}5)$$

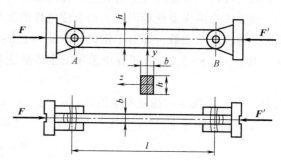

图 11-5　矩形截面杆的受力和约束

例 11-1　由 Q235 钢制成的矩形截面杆，其受力和两端约束情况如图 11-5 所示，图中上图为主视图，下图为俯视图。杆的两端 A、B 处为销钉连接。若已知 $l = 2300\mathrm{mm}$，$b = 40\mathrm{mm}$，$h = 60\mathrm{mm}$，材料的弹性模量 $E = 205\mathrm{GPa}$，试求此杆的临界载荷。

解　压杆 AB 左右两端为销钉连接，它与球铰约束不同。在主视图平面内弯曲时，两端可以自由转动，相当于铰链；而在俯视图平面内弯曲时，两端不能转动，近似视为固定端。因为压杆是矩形截面，故在主视图平面内失稳时，截面将绕轴 z 转动；而在俯视图平面内失稳时，截面将绕轴 y 转动。基于此，应先计算压杆在两个平面内的柔度，以确定压杆在哪一个平面内失稳。

在主视图平面内，取长度因数 $\mu = 1$，压杆的柔度为

$$\lambda_z = \frac{\mu l}{i_z} = \frac{\mu l}{\sqrt{\dfrac{I_z}{A}}} = \frac{\mu l}{\dfrac{h}{2\sqrt{3}}} = \frac{1\times 2300\times 10^{-3}\times 2\times\sqrt{3}}{60\times 10^{-3}} = 132.8$$

在俯视图平面内，取长度因数 $\mu = 0.5$，压杆的柔度为

$$\lambda_y = \frac{\mu l}{i_y} = \frac{\mu l}{\sqrt{\dfrac{I_y}{A}}} = \frac{\mu l}{\dfrac{h}{2\sqrt{3}}} = \frac{0.5\times 2300\times 10^{-3}\times 2\times\sqrt{3}}{40\times 10^{-3}} = 99.6$$

因 $\lambda_z > \lambda_y$，压杆首先在主视图平面内失稳，而在此平面 $\lambda_z > \lambda_\mathrm{p} \approx 100$ 为细长杆，故临界载荷为

$$F_{\mathrm{cr}} = \sigma_{\mathrm{cr}}A = \frac{\pi^2 E}{\lambda^2}bh = \left(\frac{\pi^2\times 205\times 10^9\times 40\times 10^{-3}\times 60\times 10^{-3}}{132.8^2}\right)\mathrm{N}$$

$$= 275.1\times 10^3\mathrm{N} = 275.1\mathrm{kN}$$

11.3 压杆稳定性计算

为了保证压杆的直线平衡位置是稳定的，并具有一定的安全度，必须使压杆在轴向所受的工作载荷或应力满足如下条件，即

$$F \leqslant \frac{F_{\mathrm{cr}}}{n_{\mathrm{st}}} = [F]_{\mathrm{st}} \text{ 或 } \sigma \leqslant \frac{\sigma_{\mathrm{cr}}}{n_{\mathrm{st}}} = [\sigma]_{\mathrm{st}}$$

式中，n_{st} 为稳定安全因数；$[F]_{\mathrm{st}}$ 为稳定许可载荷；$[\sigma]_{\mathrm{st}}$ 为稳定许用应力。

因为压杆不可能是理想的直杆，加之压杆自身的初始缺陷，如初始曲率、载荷作用的偏心，以及失稳的突发性等因素，均会使压杆的临界载荷下降，所以通常规定的稳定安全因数都大于强度安全因数，如对于钢材，取 $n_{\mathrm{st}} = 1.8 \sim 3.0$；对于铸铁，取 $n_{\mathrm{st}} = 5.0 \sim 5.5$；对于木材，取 $n_{\mathrm{st}} = 2.8 \sim 3.2$。在工程中采用安全因数法时，稳定性设计准则一般表示为

$$n_{\mathrm{w}} \geqslant [n]_{\mathrm{st}} \tag{11-6}$$

式中，$[n]_{\mathrm{st}}$ 为规定的稳定安全因数；n_{w} 为工作安全因数。

在静载荷作用下，$[n]_{\mathrm{st}}$ 略高于强度安全因数。n_{w} 可由下式确定，即

$$n_{\mathrm{w}} = \frac{\sigma_{\mathrm{cr}}}{\sigma} = \frac{F_{\mathrm{cr}}}{F} \tag{11-7}$$

例 11-2　如图 11-6 所示，有一空气压缩机的活塞杆 AB 由 45 钢制成，已知 $R_{\mathrm{eL}} = 350\mathrm{MPa}$，$\sigma_{\mathrm{p}} = 280\mathrm{MPa}$，$E = 210\mathrm{GPa}$，杆长度 $l = 703\mathrm{mm}$，直径 $d = 45\mathrm{mm}$，最大压力时规定稳定安全因数 $n_{\mathrm{st}} = 8 \sim 10$，试校核其稳定性。

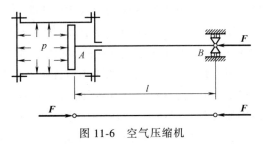

图 11-6　空气压缩机

解　（1）计算杆的柔度值。活塞杆两端可简化为铰支座，取长度因数 $\mu = 1$，圆形活塞杆截面的惯性半径 $i = \sqrt{\dfrac{I}{A}} = \dfrac{d}{4}$，因此压杆的柔度为

$$\lambda = \frac{\mu l}{i} = \frac{1 \times 703 \times 10^{-3}}{45 \times 10^{-3} \times 0.25} = 62.5$$

由表 11-2 查得优质钢 $\lambda_{\mathrm{p}} = 86$，$\lambda_{\mathrm{s}} = 44$。因为 $\lambda < \lambda_{\mathrm{p}}$，所以不能够用欧拉公式。$\lambda$ 介于 λ_{s} 和 λ_{p} 之间，可见活塞杆是中柔度杆。

（2）计算临界载荷。

由表 11-2 查得优质钢 $a = 461\mathrm{MPa}$，$b = 2.568\mathrm{MPa}$，由式（11-4）得

$$\sigma_{\mathrm{cr}} = a - b\lambda = (461 - 2.568 \times 62.5)\mathrm{MPa} = 301\mathrm{MPa}$$

$$F_{\mathrm{cr}} = A\sigma_{\mathrm{cr}} = \left[\frac{\pi}{4} \times (45 \times 10^{-3})^2 \times 301 \times 10^6 \right]\mathrm{N} = 478 \times 10^3 \mathrm{N} = 478\mathrm{kN}$$

活塞的工作安全因数为

$$n_{\mathrm{w}} = \frac{F_{\mathrm{cr}}}{F_{\mathrm{max}}} = \frac{478}{41.6} = 11.5 > n_{\mathrm{st}} = 8 \sim 10$$

表明空气压缩机活塞杆满足稳定性要求。

11.4　提高压杆稳定性的措施

压杆的稳定性失效与杆件的强度、刚度失效有本质上的区别，前者失效时的载荷远远低于后者，并且具有突发性，因而常常造成灾难性的后果。由于影响压杆稳定性的因素很多，因此为了提高压杆的承载能力，必须合理设计压杆，从杆的长度、横截面形状、约束条件和材料力学性能等多方面加以综合考虑。

1. 减小压杆长度

对于细长压杆，其临界载荷与杆长的二次方成反比，因此减小杆长可以明显提高压杆的承载能力。在某些情况下，也可以通过改变结构或增加支点来达到减小杆长的目的。

2. 合理选择压杆截面形状

大柔度杆和中柔度杆的临界应力均与柔度 λ 有关，柔度越小，临界应力越高。因此，对于长度和约束方式一定的压杆，在横截面面积保持不变的情况下，应选择惯性矩较大的截面形状。如果考虑压杆失稳的方向性，那么对于两端为铰支或固定端的压杆，宜选用空心圆截面或者中空的正方形截面，以保证截面对各个方向的惯性矩都相同，即 $I_y = I_z$，这样的截面无疑最经济、最合理。例如，组成起重机起重臂（见图 11-7a）上的角钢就分散放在截面周边的四角，如图 11-7b 所示。还有如钢结构桁架中的压杆，也是把型钢分开放置，再连接成一个整体，如图 11-7c 所示。当然，也不能为了取得较大的惯性矩就无限制地增加环形截面直径而减小壁厚，否则有可能出现局部失稳并发生褶皱。

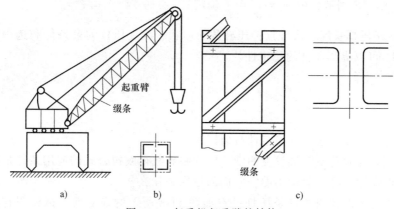

图 11-7　起重机起重臂的结构

a）起重机起重臂　b）角钢分散　c）桁架中的型钢

3. 改变压杆约束条件

压杆支座的约束条件直接影响临界载荷的大小。压杆约束的刚性越强，长度因数 μ 值越低，则临界载荷 F_{cr} 就越大。如将一端固定，另一端自由的压杆，改变为一端固定，另一端铰支的压杆，则长度因数 μ 由 2 降低为 0.7，而临界载荷将增大为原来的 8.16 倍。一般来说，增强压杆约束的刚性，都可以大大提高压杆的稳定性。

4. 选用弹性模量大的材料

大柔度压杆的临界载荷与材料的弹性模量 E 有关，在其他约束条件相同的情况下，选用弹性模量较高的材料，显然可以提高压杆的稳定性。但就钢材而言，它们的弹性模量大致相同，采用优质高强度钢去替换普通钢，则对提高临界载荷的作用甚微，不仅意义不大，而且造成材料浪费。但是，对中、小柔度压杆，因为它们的临界载荷与材料的比例极限、抗压强度有关，所以选用优质高强度钢，显然有利于压杆稳定性的提高。

章节小结

本章的主要内容有：

1）使压杆保持直线平衡状态的最大载荷称为临界载荷。压杆在临界载荷的作用下，其横截面上的平均应力称为压杆的临界压力。

2）根据柔度的大小，将压杆分为三类，分别按照不同的方式处理。对于 $\lambda \geq \lambda_p$ 的大柔度杆，采用欧拉公式 $\sigma_{cr} = \dfrac{\pi^2 E}{\lambda^2}$ 或计算临界应力；对于 $\lambda_s \leq \lambda < \lambda_p$ 的中柔度杆，用直线公式 $\sigma_{cr} = a - b\lambda$ 计算临界应力；对于 $\lambda < \lambda_s$ 的小柔度杆，按静强度问题处理。

3）压杆工作时满足如下条件：

$$F \leq \frac{F_{cr}}{n_{st}} = [F]_{st} \text{ 或 } \sigma \leq \frac{\sigma_{cr}}{n_{st}} = [\sigma]_{st}$$

4）稳定性设计准则为

$$n_w \geq [n]_{st}$$

其中，n_w 为工作安全因数，由 $n_w = \dfrac{\sigma_{cr}}{\sigma} = \dfrac{F_{cr}}{F}$ 确定。

5）通过减小压杆长度、合理选择压杆截面形状、改变压杆约束条件和选用弹性模量大的材料等措施，可以提高压杆的稳定性。

课后习题

11-1 杆件的强度、刚度和稳定性有何区别？

11-2 何谓临界载荷？两端铰支的细长压杆临界载荷欧拉公式的应用条件是什么？

11-3 何谓惯性半径？何谓柔度？它们的量纲是什么？

11-4 两端为球形铰支的细长压杆具有如图 11-8 所示的横截面，试说明它们在失稳时会朝哪个方向？

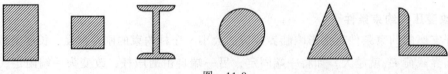

图 11-8

11-5 试判别以下说法正确与否。

（1）当压杆失稳时，其横截面上的应力往往会低于压杆强度失效时的应力。

（2）长度、横截面面积、材料和杆端约束完全相同的两根细长压杆，其临界应力不一定相等。

（3）压杆的柔度越大，表明压杆的稳定性就越高。

11-6　如图 11-9a、b、c 所示的细长压杆均为圆杆，其直径均相同，且 $d = 16\mathrm{mm}$，材料均为 Q235 钢，弹性模量 $E = 200\mathrm{GPa}$，其中图 11-9a 所示为两端铰支，图 11-9b 所示为一端固定，另一端铰支，图 11-9c 所示为两端固定，试求这三种情况下的临界载荷大小。

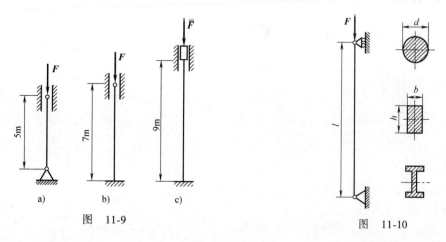

图　11-9　　　　　　　　　　　　　　　　图　11-10

11-7　图 11-10 所示为两端球形铰支的细长压杆，材料的弹性模量 $E = 200\mathrm{GPa}$，试用欧拉公式计算其临界载荷。

（1）圆形截面，$d = 30\mathrm{mm}$，$l = 1.2\mathrm{m}$。

（2）矩形截面，$h = 2b = 50\mathrm{mm}$，$l = 1.2\mathrm{m}$。

（3）No. 14 工字钢，$l = 1.9\mathrm{m}$。

11-8　如图 11-11 所示的正方形桁架，各杆均为细长杆，且弯曲刚度 EI 已知，试求当结构中的压杆失稳时载荷 F 的大小；当载荷 F 的方向改变时，使压杆失稳时载荷 F 的大小又为何值？

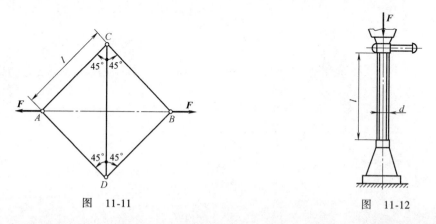

图　11-11　　　　　　　　　　　图　11-12

11-9　试求如图 11-12 所示千斤顶丝杠的工作安全因素。已知其工作时承受的最大载荷 $F = 150\mathrm{kN}$，有效直径 $d = 52\mathrm{mm}$，长度 $l = 0.5\mathrm{m}$，材料为 Q235 钢，$R_{\mathrm{eL}} = 235\mathrm{MPa}$，丝杠的下端可视为固定端约束，上端可视为自由端。

11-10　简易起重机如图 11-13 所示。压杆 BD 为 20 槽钢，材料为 Q235 钢，已知最大起

吊重量 $F = 40$kN，规定稳定安全因数 $n_{st} = 5$，试校核杆 BD 的稳定性。

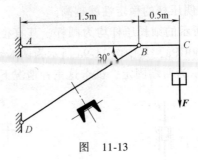

图　11-13

第 12 章

动荷应力与交变应力

知识导航

学习目标：了解动荷因数、交变应力与疲劳破坏的概念；掌握构件做等加速直线运动、冲击时的动荷应力计算；掌握对称循环持久极限及其影响因素和提高构件疲劳强度的措施。

重点：构件做等加速直线运动、冲击时的动荷应力计算；对称循环持久极限及其影响因素和提高构件疲劳强度的措施。

难点：构件做等加速直线运动、冲击时的动荷应力计算。

12.1　动荷应力

此前在分析讨论构件的应力和变形以及强度、刚度问题时，所涉及的载荷都是静载荷。所谓静载荷，就是指载荷的大小从零开始缓慢增加到某一值，以后不再随时间变化而变化的载荷。如果作用在构件上的载荷随时间有显著的变化，或在载荷作用下构件上各点有显著的加速度，这种载荷即称为动载荷。因动载荷作用而引起构件产生的应力称为动荷应力。实际工程中有很多构件是在动载荷作用下工作的。研究动载荷作用于构件的问题时，都假定构件材料的动荷应力不超过材料的比例极限，而研究方法采用动静法。

本章介绍的是构件在有加速度或冲击时动荷应力的计算，以及构件在交变应力作用下疲劳强度的计算。

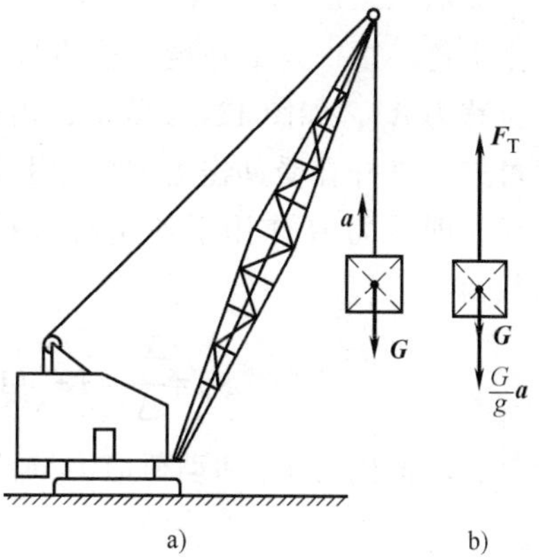

图 12-1　起重机起重吊物

a）起重机吊重物　b）加惯性力

12.1.1　构件做等加速直线运动时的动荷应力与变形

如图 12-1a 所示，起重机以等加速度 a 起吊一重力为 G 的重物，今不计吊索的重量，取重物为研究对象，用动静法在重物上加惯性力 $\dfrac{G}{g}a$，如图 12-1b 所示，列平衡方程得吊绳的拉力 F_T 为

$$F_T = G + \frac{G}{g}a = G\left(1+\frac{a}{g}\right)$$

若吊索的横截面面积为 A，其动荷应力为

$$\sigma_d = \frac{F_1}{A} = \frac{G}{A}\left(1+\frac{a}{g}\right) = \sigma_j\left(1+\frac{a}{g}\right) = K_d\sigma_j \tag{12-1}$$

式中，σ_j 为吊索静止时在静载荷作用下的静荷应力；K_d 称为动荷因数，且有

$$K_d = 1+\frac{a}{g} \tag{12-2}$$

由式（12-1）可见，只要将静载下的应力、变形乘以动荷因数 K_d，即得动载荷下的应力与变形。

根据以上得出的动荷应力，可写出其强度设计准则为

$$\sigma_{dmax} = K_d\sigma_{jmax} \leqslant [\sigma] \text{ 或 } \sigma_{jmax} \leqslant \frac{[\sigma]}{K_d} \tag{12-3}$$

式中，$[\sigma]$ 为静载荷作用下的材料的许用应力。

式（12-3）表明动载荷问题可按静载荷处理，只需将许用应力降至原值的 $1/K_d$。

12.1.2 构件受冲击时的动荷应力

当具有一定速度的运动物体碰到静止的构件时，物体和构件间会产生很大的作用力，这种现象称为冲击。汽锤锻造工件、落锤打桩、金属冲压加工、铆钉枪铆接、高速转动的传动轴制动等，都是冲击的一些工程实例。

如图 12-2a、b 所示，一重力为 G 的重物从高度为 h 处自由下落，以一定的速度冲击直杆。设使直杆产生的最大冲击位移为 Δ_d，如图 12-2c 所示，由机械能守恒定律和胡克定律可知，直杆在受冲击力 F_d 作用时，产生的位移 Δ_d 与在静载荷，即重力 G 作用下产生的位移 Δ 成正比。其冲击动荷因数为

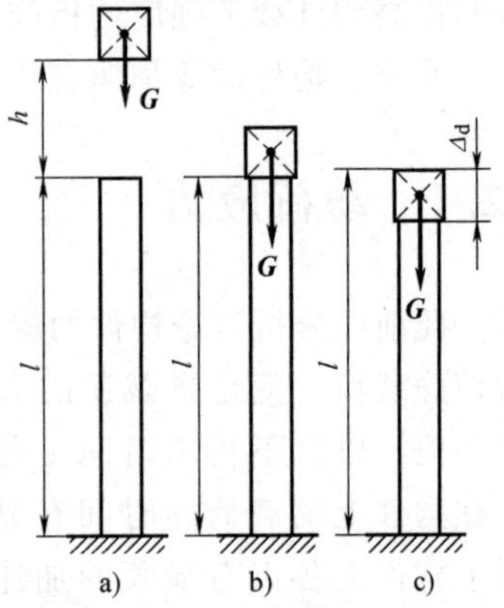

图 12-2　杆件受冲击时的变形
a）重物下落　b）冲击直杆
c）最大冲击位移

$$K_d = \frac{\Delta_d}{\Delta} = 1+\sqrt{1+\frac{2h}{\Delta}} \tag{12-4}$$

于是，动荷内力 F_d 和动荷应力 σ_d 为

$$F_d = K_d G, \quad \sigma_d = K_d\sigma_j$$

得出动荷应力后，即可建立构件受冲击时的强度设计准则，即

$$\sigma_{dmax} = K_d\sigma_{jmax} \leqslant [\sigma] \tag{12-5}$$

式中，σ_{dmax} 和 σ_{jmax} 是构件受冲击时的最大动荷应力和最大静荷应力；$[\sigma]$ 是静荷强度计算中的许用应力。

最后应指出，动荷因数，即式（12-4）只适用于自由落体冲击的情形，而且也只有材料在弹性范围内才适用。另外，在设计受冲击载荷作用的构件时，除应使构件满足受冲击时的强度准则外，还应使材料符合规定的抵抗冲击的指标。工程上常用冲击韧度 a_K 作为衡量材料抵抗冲击能力的指标。它与材料的强度指标 R_{eL}、R_m 和塑性指标 A、Z 一样，属于材料常

规的力学性能五大指标之一。冲击韧度 a_K 由冲击试验确定。

例 12-1 图 12-3 所示为一圆形木柱，下端固定，上端自由，在离柱顶 h 高度处有一重力 $G = 3kN$ 的重锤自由落下，试求柱内最大动荷应力 σ_{dmax}。已知柱长 $l = 6m$，直径 $d = 300mm$，弹性模量 $E = 10GPa$，$h = 0.2m$。

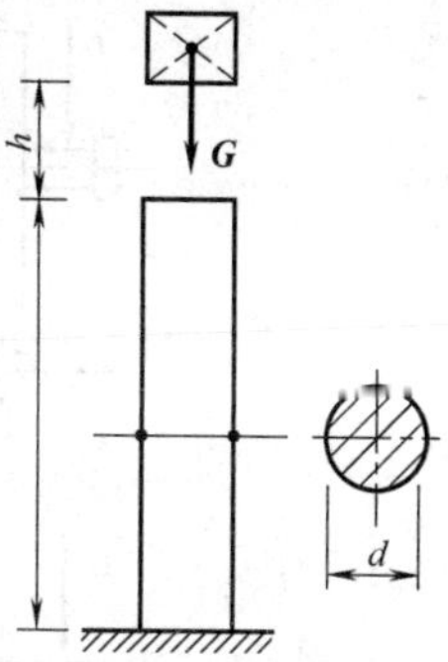

解 根据式（12-5），最大动荷应力 σ_{dmax} 为

$$\sigma_{dmax} = K_d \sigma_{jmax}$$

其中 σ_{jmax} 为最大静荷应力。

重锤静止放在柱顶时引起的柱内最大应力 σ_{jmax} 为

$$\sigma_{jmax} = \frac{G}{A}$$

按式（12-4），动荷因数为

$$K_d = \frac{\Delta_d}{\Delta} = 1 + \sqrt{1 + \frac{2h}{\Delta}}$$

其中 Δ 为静荷变形。

重锤静止在柱顶时引起的柱的静荷变形 Δ 为

$$\Delta = \frac{Gl}{EA}$$

于是有

$$K_d = \frac{\Delta_d}{\Delta} = 1 + \sqrt{1 + 2h\frac{EA}{Gl}}$$

将相应的数值代入，得

$$K_d = 1 + \sqrt{1 + 2 \times 0.2 \times \frac{10 \times 10^9 \times \pi \times 300^2 \times 10^{-6}}{4 \times 3 \times 10^3 \times 6}} = 126$$

最后得木柱内最大动荷应力为

$$\sigma_{dmax} = K_d\frac{G}{A} = \left(126 \times \frac{3 \times 10^3 \times 4}{\pi \times 300^2 \times 10^{-6}}\right)Pa = 5.35 \times 10^6 Pa = 5.35MPa$$

图 12-3 圆形木桩
受冲击

12.2 交变应力

在以前分析强度问题时，所涉及的构件中的应力均不随时间而改变，但在工程实际中，很多构件受到随时间呈周期性变化应力的作用。这种随时间呈周期性变化的应力称为交变应力。如图 12-4a 所示的火车轮轴受到来自车厢的重力 G 的作用。重力 G 的大小和方向虽然不变，但由于轮轴的转动，其转轴横截面上点 C 到横截面中性轴的距离 $y = \sin\omega t$ 是随时间而变化的，因此点 C 的弯曲正应力也随时间按正弦规律变化，如图 12-4b 所示。

在交变应力的研究中，为了描述应力随时间的变化情况，通常把由最大应力 σ_{max} 变到最小应力 σ_{min}，再又最小应力 σ_{min} 变回到最大应力 σ_{max} 的过程，称为一个应力循环。把一个应力循环中最小应力与最大应力的比值称为循环特征，用 r 表示，即

$$r = \frac{\sigma_{min}}{\sigma_{max}} \tag{12-6}$$

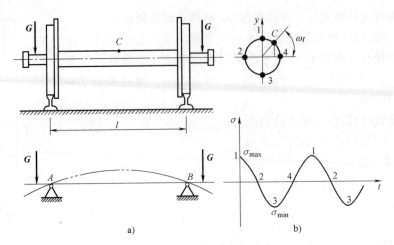

图 12-4　火车轮轴受到的应力

a）火车轮轴　b）C 点的交变应力

把最大应力和最小应力代数和的一半称为平均应力，用 σ_m 表示，即

$$\sigma_m = \frac{1}{2}(\sigma_{max} + \sigma_{min})\tag{12-7}$$

把最大应力和最小应力代数差的一半称为应力幅，用 σ_a 表示，即

$$\sigma_a = \frac{1}{2}(\sigma_{max} - \sigma_{min})\tag{12-8}$$

　　如图 12-4 所示的火车轮轴所受交变应力的情形，称为对称循环。其循环特征 $r = -1$。在各种交变应力的应力循环中，除对称循环外，其余都称为非对称循环。在非对称循环中，较常见的是最小应力 $\sigma_{min} = 0$，循环特征 $r = 0$ 的情形。如图 12-5 所示的单方向转动的齿轮，在齿轮的啮合过程中，齿根上点 A 的应力就交替变化在某一应力值和零之间。这种情形称为脉动循环。

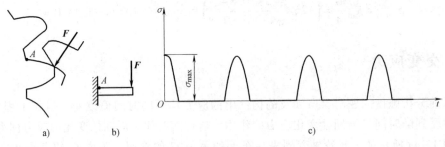

图 12-5　脉动循环

a）齿轮啮合　b）力学模型　c）脉动循环

12.2.1　疲劳破坏的特点及原因

　　在工程实际中，构件受交变应力作用的情形是很普遍的，除了上述例子外，还有如蒸汽机连杆、铁道钢轨和螺旋弹簧等。它们在工作时也受到交变应力作用。构件在交变应力作用下发生的破坏现象通常称为疲劳破坏。

疲劳破坏与静载作用下的强度破坏，有着本质的差别。在静载作用下，材料的强度主要与材料本身的性能有关，而与构件尺寸及表面加工质量等因素无关；但在交变应力作用下，材料的强度不仅与材料本身的性能有关，还与应力变化情况、构件形状和尺寸以及表面加工质量等因素有很大关系。

疲劳破坏的特点是破坏时应力很低，其破坏应力值远低于静强度指标，且破坏时没有明显的塑性变形，即使在静载作用下塑性很好的材料，也常常会在材料的屈服强度以下发生突然断裂。其断口一般会清楚地显示出断裂裂纹的形成、扩展和最后断裂三个区域，如图 12-6 所示。据统计，在飞机、车辆和机器破坏的事故中，有很大比例是由于零部件疲劳破坏引起的。研究构件的疲劳强度是为了搞清楚疲劳破坏的原因，确定疲劳强度性能，建立疲劳强度设计准则。

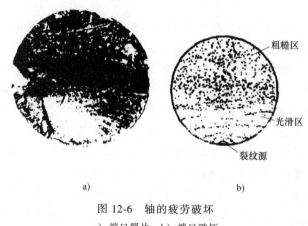

a)   b)

图 12-6   轴的疲劳破坏

a) 端口照片   b) 端口破坏

工程上基于长期对机械事故的不断分析研究，丰富和发展了疲劳理论，同时还促成了断裂力学的形成。现在对疲劳破坏的解释是：构件在交变应力的作用下，尽管工作应力低于屈服强度，但由于材料的不均匀性，因此在有裂纹缺陷的地方造成了巨大的应力集中，随着应力交替变换次数的增长，其裂纹的扩展逐步削弱了构件的有效截面面积，类似于在构件上做成尖锐的"切口"，结果一旦出现动载荷的偶然作用，构件即发生突然断裂。

因此，对于承受交变应力的构件，在设计、制造和使用过程中，应特别注意裂纹的形成和扩展的过程。例如，当火车靠站时，铁路工人用小铁锤轻轻敲击车轴，就是为了检查车轴是否发生裂纹，以防突然发生事故。

由于裂纹的形成和扩展需要一定的应力交变次数，因此疲劳破坏需要经历一定的时间过程。

12.2.2   材料的持久极限

由于疲劳破坏与静载作用下的强度破坏有着本质的区别，所以静应力下的强度指标不能作为疲劳破坏的计算依据。材料在交变应力作用下的强度计算依据的是材料在经过无限多次应力循环后不发生疲劳破坏的最大应力值，称为材料的持久极限，用 σ_r 表示。

材料在对称循环交变应力作用下的持久极限由疲劳试验机测定。测定时，将金属材料加工成一组直径相同且表面光滑的小试样，每组试样 10 根左右，直径 $d = 5 \sim 10$mm，试验时第一批试样装在旋转弯曲疲劳试验机上，如图 12-7 所示，由悬挂砝码给试样施加载荷。

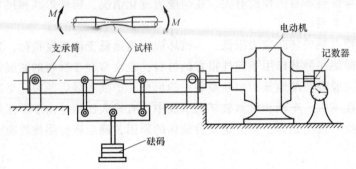

图 12-7　疲劳试验机及疲劳试验

试验从试验机开机开始直到试样断裂为止。试验机计数器自动记下承受交变应力为 σ 的试样所旋转过的总圈数，亦即总循环次数 N，即试样的疲劳寿命。以后每装一根试样都挂上不同重量的砝码逐一进行试验，得出相应的疲劳寿命和最大弯曲正应力。试验完了，以弯曲正应力 σ 为纵坐标，以疲劳寿命 N 为横坐标，绘出试验结果曲线，该曲线即为表示材料疲劳性能的应力-寿命（S-N）曲线。图 12-8 所示为钢材的 S-N 曲线，曲线上的点 1 和点 2 分别对应试样断裂时的最大应力和应力循环次数。当应力降到某一极限值时，S-N 曲线趋近于一水平渐近线，渐近线所对应的纵坐标值即为材料经历无限次应力循环而不断裂的持久极限。对称循环的持久极限记为 σ_{-1}。试验指出，钢材的持久极限与其在静载荷作用下的抗拉强度存在有以下的近似关系：对于弯曲，有 $\sigma_{-1} \approx (0.4 \sim 0.5) R_m$；对于拉伸或压缩，有 $\sigma_{-1} = (0.33 \sim 0.59) R_m$；对于扭转有 $\tau_{-1} = (0.23 \sim 0.29) R_m$。由此可见，材料在交变应力的作用下，其强度明显降低。

影响构件持久极限的主要因素有：构件的外形、截面尺寸和表面加工质量等。

1. 构件外形的影响

构件外形的突然变化，如构件上的切槽、开孔、缺口和轴肩等，会引起应力集中。构件外形对持久极限的影响用有效应力集中因数 K_σ 和 K_τ（见图 12-9）来表示，即

$$K_\sigma = \frac{\sigma_{-1}}{(\sigma_{-1})_K}$$

$$K_\tau = \frac{\tau_{-1}}{(\tau_{-1})_K}$$

式中，σ_{-1}、τ_{-1} 为标准光滑试样的持久极限；$(\sigma_{-1})_K$、$(\tau_{-1})_K$ 为存在应力集中，且尺寸与光滑试样相同的试样的疲劳极限。

2. 构件截面尺寸的影响

材料的持久极限是用光滑小试样测定的。试验表明，由于大尺寸试样高应力区所含晶粒的晶界缺陷较之小尺寸试样要多，故易产生疲劳裂纹而降低疲劳极限。构件尺寸对疲劳极限的影响，用光滑大尺寸试样的持久极限与光滑小尺寸试样的持久极限的比值，即尺寸因数 ε_σ 或 ε_τ 来表示。它们是一个小于 1 的表明材料持久极限降低的因数。表 12-1 给出了圆截面钢轴在对称循环弯曲与扭转时的尺寸因数。

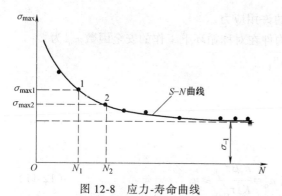

图 12-8　应力-寿命曲线

图 12-9　对称循环弯曲时的应力集中因数

表 12-1　尺寸因数

直径 d/mm		>20~30	>30~40	>40~50	>50~60	>60~70
ε_σ	碳素钢	0.91	0.88	0.84	0.81	0.78
	合金钢	0.83	0.77	0.73	0.70	0.68
ε_τ	各种钢	0.89	0.81	0.78	0.76	0.74
直径 d/mm		>70~80	>80~100	>100~120	>120~150	>150~500
ε_σ	碳素钢	0.75	0.73	0.70	0.68	0.60
	合金钢	0.66	0.64	0.62	0.60	0.54
ε_τ	各种钢	0.73	0.72	0.70	0.68	0.60

3. 构件表面加工质量的影响

构件的最大应力一般发生在表面，因为表面的各种加工刀痕和擦伤会引起应力集中。构件表面加工质量对持久极限的影响，用表面质量因数 β 表示。β 是一个表明持久极限降低的因数。图 12-10 给出的就是几种采用不同加工方法时的表面质量因数。

若综合考虑以上三种主要因素，则在对称循环下构件的持久极限表示为

$$\sigma_{-1}^0 = \frac{\varepsilon_\sigma \beta}{K_\sigma}\sigma_{-1} \ \text{或}\ \tau_{-1}^0 = \frac{\varepsilon_\tau \beta}{K_\tau}\tau_{-1} \qquad (12\text{-}9)$$

式中，σ_{-1} 为材料在对称循环弯曲或拉压时的持久极限；τ_{-1} 为材料在对称循环扭转时的持久极限。

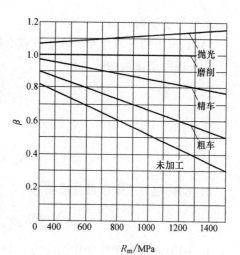

图 12-10　表面质量因数

除以上三种因素外，构件的工作环境，如温度、介质等也会影响其持久极限。这种影响也可参照前面的方法，用修正系数来表示，在此不再赘述。目前在机械设计中，通常将疲劳强度设计准则写成比较安全因素的形式，即要求构件的工作安全因素不小于规定安全因素。构件在对称循环弯曲或拉压时规定的安全因数 n 为

$$n = \frac{\sigma_{-1}^0}{[\sigma_{-1}]}$$

式中，$[\sigma_{-1}]$ 为构件在对称循环弯曲或拉压时的许用应力。

若构件横截面的最大工作压力为 σ_{max}，则构件在对称循环下工作的安全因数 n_α 为

$$n_\alpha = \frac{\sigma_{-1}^0}{\sigma_{max}}$$

于是强度设计准则就写为

$$n_\alpha \geqslant n \tag{12-10}$$

对于对称循环弯曲或扭转的构件的设计准则为

$$n_\alpha = \frac{\varepsilon_\sigma \beta \sigma_{-1}}{K_\sigma \sigma_{max}} \geqslant n \ \text{或} \ n_\alpha = \frac{\varepsilon_\tau \beta \tau_{-1}}{K_\tau \tau_{max}} \geqslant n \tag{12-11}$$

由以上的介绍可知，金属的疲劳破坏是由裂纹的扩展引起的。裂纹的形成一般发生在构件应力集中的部位，所以提高构件的疲劳强度应在不改变构件基本尺寸和材料的前提下，以减缓应力集中和改善表面质量入手。为此，在设计和制造构件时，要尽可能地避免带有尖角或方形的孔、槽出现。有时因结构的原因，在难以加大过度圆角的半径时，可采用开减荷槽或退刀槽的方法。另外，对焊缝的处理宜采用坡口焊接，这样可降低应力集中的程度。在机械加工工艺中，采用提高构件表层材料强度的手段，如渗碳、渗氮、高频淬火、表层滚压和喷丸等，也可明显地提高构件的疲劳强度。

章节小结

本章的主要内容如下：

1）载荷下的应力与变形等于静载下的应力、变形乘以动荷因数 K_d，即 $\sigma_d = K_d \sigma_j$。

构件做等加速运动时，有

$$K_d = 1 + \frac{a}{g}$$

构件受冲击时，有

$$K_d = \frac{\Delta_d}{\Delta} = 1 + \sqrt{1 + \frac{2h}{\Delta}}$$

2）动荷应力下强度设计准则为

$$\sigma_{dmax} = K_d \sigma_{jmax} \leqslant [\sigma] \ \text{或} \ \sigma_{jmax} \leqslant \frac{[\sigma]}{K_d}$$

3）随时间呈周期性变化的应力称为交变应力。

交变应力的循环特征 $r = \dfrac{\sigma_{min}}{\sigma_{max}}$，对称循环 $r = -1$，脉动循环 $r = 0$。

构件在交变应力作用下发生的破坏现象称为疲劳破坏。

材料在经过无限多次应力循环后不发生疲劳破坏的最大应力称为持久极限。

对称循环下构件的持久极限表示为

$$\sigma_{-1}^0 = \frac{\varepsilon_\sigma \beta}{K_\sigma} \sigma_{-1} \ \text{或} \ \tau_{-1}^0 = \frac{\varepsilon_\tau \beta}{K_\tau} \tau_{-1}$$

对称循环弯曲或扭转构件的设计准则为

$$n_\alpha = \frac{\varepsilon_\sigma \beta \sigma_{-1}}{K_\sigma \sigma_{max}} \geqslant n \quad \text{或} \quad n_\alpha = \frac{\varepsilon_\tau \beta \tau_{-1}}{K_\tau \tau_{max}} \geqslant n$$

4）提高构件的疲劳强度的措施：避免带有尖角或方形的孔、槽；加大过度圆角的半径，开减荷槽或退刀槽；加强材料表面的质量，如渗碳、渗氮、高频淬火、表面滚压和喷丸等。

课后习题

12-1 何谓静载荷？何谓动载荷？二者有何区别？就日常生活所见，列举几个动载荷的例子。

12-2 何谓动荷因素？冲击动荷因素与哪些因素有关？为什么弹簧可以承受较大的冲击载荷而不致损坏？

12-3 为什么在构件外形上显现出来的截面突变之处，如螺纹、键槽、轴肩等会影响它的疲劳极限？

12-4 何谓交变应力？何谓疲劳强度？疲劳破坏是如何形成的？有何特点？

12-5 什么是循环特征？什么是对称循环和非对称循环？试举两个实例予以说明。

12-6 为什么构件尺寸的加大会降低持久极限？

12-7 采取什么样的措施可以提高构件的疲劳强度？

12-8 长为 l、横截面面积为 A 的杆件以加速度 a 向上提升，如图 12-11 所示。若密度为 ρ，试求杆件横截面的最大正应力。

12-9 如图 12-12a、b、c 所示三根杆件，上端均固定，下端安装一刚性圆盘，三杆的体积均相同，但杆的长度和横截面大小不尽相同。三个圆盘分别受到重力为 G 的环形重物由同一高度 h 自由下落的冲击作用。已知 $G = 10 \text{kN}$，$l = 1 \text{m}$，$A = 1.0 \times 10^{-4} \text{m}^2$，$E = 200 \text{GPa}$，$h = 100 \text{mm}$，试求三根杆件的动荷应力 σ_d 的比值。

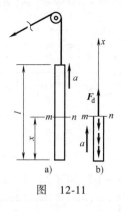

图 12-11

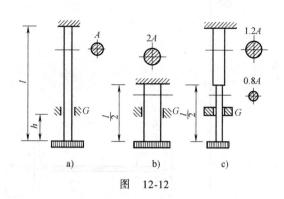

图 12-12

附　录

附录 A　热轧工字钢规格表

h——高度
b——腿宽度
d——腰厚度
t——平均腿厚度
r——内圆弧半径
r₁——腿端圆弧半径

I——惯性矩
i——惯性半径
W——截面模数

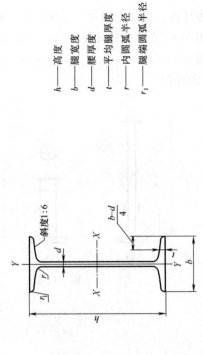

工字钢截面尺寸、截面面积、理论重量及截面特性

型号	截面尺寸/mm						截面面积/cm²	理论重量/(kg/m)	外表面积/(m²/m)	惯性矩/cm⁴		惯性半径/cm		截面模数/cm³	
	h	b	d	t	r	r_1				I_x	I_y	i_x	i_y	W_x	W_y
10	100	68	4.5	7.6	6.5	3.3	14.33	11.3	0.432	245	33.0	4.14	1.52	49.0	9.72
12	120	74	5.0	8.4	7.0	3.5	17.80	14.0	0.493	436	46.9	4.95	1.62	72.7	12.7
12.6	126	74	5.0	8.4	7.0	3.5	18.10	14.2	0.505	488	46.9	5.20	1.61	77.5	12.7
14	140	80	5.5	9.1	7.5	3.8	21.50	16.9	0.553	712	64.4	5.76	1.73	102	16.1
16	160	88	6.0	9.9	8.0	4.0	26.11	20.5	0.621	1130	93.1	6.58	1.89	141	21.2
18	180	94	6.5	10.7	8.5	4.3	30.74	24.1	0.681	1660	122	7.36	2.00	185	26.0

型号															
20a	200	100	7.0	11.4	9.0	4.5	35.55	27.9	0.742	2370	158	8.15	2.12	237	31.5
20b		102	9.0				39.55	31.1	0.746	2500	169	7.96	2.06	250	33.1
22a	220	110	7.5	12.3	9.5	4.8	42.10	33.1	0.817	3400	225	8.99	2.31	309	40.9
22b		112	9.5				46.50	36.5	0.821	3570	239	8.78	2.27	325	42.7
24a	240	116	8.0	13.0	10.0	5.0	47.71	37.5	0.878	4570	280	9.77	2.42	381	48.4
24b		118	10.0				52.51	41.2	0.882	4800	297	9.57	2.38	400	50.4
25a	250	116	8.0				48.51	38.1	0.898	5020	280	10.2	2.40	402	48.3
25b		118	10.0				53.51	42.0	0.902	5280	309	9.94	2.40	423	52.4
27a	270	122	8.5	13.7	10.5	5.3	54.52	42.8	0.958	6550	345	10.9	2.51	485	56.6
27b		124	10.5				59.92	47.0	0.962	6870	366	10.7	2.47	509	58.9
28a	280	122	8.5	14.4	11.0	5.5	55.37	43.5	0.978	7110	345	11.3	2.50	508	56.6
28b		124	10.5				60.97	47.9	0.982	7480	379	11.1	2.49	534	61.2
30a	300	126	9.0	15.0	11.5	5.8	61.22	48.1	1.031	8950	400	12.1	2.55	597	63.5
30b		128	11.0				67.22	52.8	1.035	9400	422	11.8	2.50	627	65.9
30c		130	13.0				73.22	57.5	1.039	9850	445	11.6	2.46	657	68.5
32a	320	130	9.5	15.8	12.0	6.0	67.12	52.7	1.084	11100	460	12.8	2.62	692	70.8
32b		132	11.5				73.52	57.7	1.088	11600	502	12.6	2.61	726	76.0
32c		134	13.5				79.92	62.7	1.092	12200	544	12.3	2.61	760	81.2
36a	360	136	10.0				76.44	60.0	1.185	15800	552	14.4	2.69	875	81.2
36b		138	12.0				83.64	65.7	1.189	16500	582	14.1	2.64	919	84.3
36c		140	14.0				90.84	71.3	1.193	17300	612	13.8	2.60	962	87.4

工程力学

（续）

型号	h	b	d	t	r	r₁	截面面积/cm²	理论重量/(kg/m)	外表面积/(m²/m)	I_x/cm⁴	I_y/cm⁴	i_x/cm	i_y/cm	W_x/cm³	W_y/cm³
40a	400	142	10.5	16.5	12.5	6.3	86.07	67.6	1.285	21700	660	15.9	2.77	1090	93.2
40b		144	12.5	16.5	12.5	6.3	94.07	73.8	1.289	22800	692	15.6	2.71	1140	96.2
40c		146	14.5	16.5	12.5	6.3	102.1	80.1	1.293	23900	727	15.2	2.65	1190	99.6
45a	450	150	11.5	18.0	13.5	6.8	102.4	80.4	1.411	32200	855	17.7	2.89	1430	114
45b		152	13.5	18.0	13.5	6.8	111.4	87.4	1.415	33800	894	17.4	2.84	1500	118
45c		154	15.5	18.0	13.5	6.8	120.4	94.5	1.419	35300	938	17.1	2.79	1570	122
50a	500	158	12.0	20.0	14.0	7.0	119.2	93.6	1.539	46500	1120	19.7	3.07	1860	142
50b		160	14.0	20.0	14.0	7.0	129.2	101	1.543	48600	1170	19.4	3.01	1940	146
50c		162	16.0	20.0	14.0	7.0	139.2	109	1.547	50600	1220	19.0	2.96	2080	151
55a	550	166	12.5	21.0	14.5	7.3	134.1	105	1.667	62900	1370	21.6	3.19	2290	164
55b		168	14.5	21.0	14.5	7.3	145.1	114	1.671	65600	1420	21.2	3.14	2390	170
55c		170	16.5	21.0	14.5	7.3	156.1	123	1.675	68400	1480	20.9	3.08	2490	175
56a	560	166	12.5	21.0	14.5	7.3	135.4	106	1.687	65600	1370	22.0	3.18	2340	165
56b		168	14.5	21.0	14.5	7.3	146.6	115	1.691	68500	1490	21.6	3.16	2450	174
56c		170	16.5	21.0	14.5	7.3	157.8	124	1.695	71400	1560	21.3	3.16	2550	183
63a	630	176	13.0	22.0	15.0	7.5	154.6	121	1.862	93900	1700	24.5	3.31	2980	193
63b		178	15.0	22.0	15.0	7.5	167.2	131	1.866	98100	1810	24.2	3.29	3160	204
63c		180	17.0	22.0	15.0	7.5	179.8	141	1.870	102000	1920	23.8	3.27	3300	214

截面尺寸/mm　　惯性矩/cm⁴　　惯性半径/cm　　截面模数/cm³

注：表中 r、r₁ 的数据用于孔型设计，不做交货条件。

附录 B 热轧槽钢规格表

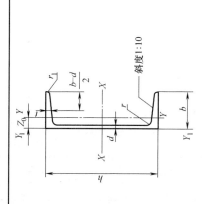

斜度1:10

h——高度
b——腿宽度
d——腰厚度
t——平均腿厚度
r——内圆弧半径
r₁——腿端圆弧半径
Z₀——YY轴与Y₁Y₁轴间距

I——惯性矩
i——惯性半径
W——截面模数
Z_0——重心距离

槽钢截面尺寸、截面面积、理论重量及截面特性

型号	截面尺寸 /mm						截面面积 /cm²	理论重量 /(kg/m)	外表面积 /(m²/m)	惯性矩 /cm⁴			惯性半径 /cm		截面模数 /cm³		重心距离 /cm
	h	b	d	t	r	r_1				I_x	I_y	I_{y1}	i_x	i_y	W_x	W_y	Z_0
5	50	37	4.5	7.0	7.0	3.5	6.925	5.44	0.226	26.0	8.30	20.9	1.94	1.10	10.4	3.55	1.35
6.3	63	40	4.8	7.5	7.5	3.8	8.446	6.63	0.262	50.8	11.9	28.4	2.45	1.19	16.1	4.50	1.36
6.5	65	40	4.3	7.5	7.5	3.8	8.292	6.51	0.267	55.2	12.0	28.3	2.54	1.19	17.0	4.59	1.38
8	80	43	5.0	8.0	8.0	4.0	10.24	8.04	0.307	101	16.6	37.4	3.15	1.27	25.3	5.79	1.43
10	100	48	5.3	8.5	8.5	4.2	12.74	10.0	0.365	198	25.6	54.9	3.95	1.41	39.7	7.80	1.52
12	120	53	5.5	9.0	9.0	4.5	15.36	12.1	0.423	346	37.4	77.7	4.75	1.56	57.7	10.2	1.62
12.6	126	53	5.5	9.0	9.0	4.5	15.69	12.3	0.435	391	38.0	77.1	4.95	1.57	62.2	10.2	1.59
14a	140	58	6.0	9.5	9.5	4.8	18.51	14.5	0.480	564	53.2	107	5.52	1.70	80.5	13.0	1.71
14b	140	60	8.0	9.5	9.5	4.8	21.31	16.7	0.484	609	61.1	121	5.35	1.69	87.1	14.1	1.67

（续）

型号	截面尺寸/mm						截面面积/cm²	理论重量/(kg/m)	外表面积/(m²/m)	惯性矩/cm⁴			惯性半径/cm		截面模数/cm³		重心距离/cm
	h	b	d	t	r	r_1				I_x	I_y	I_{y1}	i_x	i_y	W_x	W	Z_0
16a	160	63	6.5	10.0	10.0	5.0	21.95	17.2	0.538	866	73.3	144	6.28	1.83	108	16.3	1.80
16b	160	65	8.5	10.0	10.0	5.0	25.15	19.8	0.542	935	83.4	161	6.10	1.82	117	17.6	1.75
18a	180	68	7.0	10.5	10.5	5.2	25.69	20.2	0.596	1270	98.6	190	7.04	1.96	141	20.0	1.88
18b	180	70	9.0	10.5	10.5	5.2	29.29	23.0	0.600	1370	111	210	6.84	1.95	152	21.5	1.84
20a	200	73	7.0	11.0	11.0	5.5	28.83	22.6	0.654	1780	128	244	7.86	2.11	178	24.2	2.01
20b	200	75	9.0	11.0	11.0	5.5	32.83	25.8	0.658	1910	144	268	7.64	2.09	191	25.9	1.95
22a	220	77	7.0	11.5	11.5	5.8	31.83	25.0	0.709	2390	158	298	8.67	2.23	218	28.2	2.10
22b	220	79	9.0	11.5	11.5	5.8	36.23	28.5	0.713	2570	176	326	8.42	2.21	234	30.1	2.03
24a	240	78	7.0	12.0	12.0	6.0	34.21	26.9	0.252	3050	174	325	9.45	2.25	254	30.5	2.10
24b	240	80	9.0	12.0	12.0	6.0	39.01	30.6	0.756	3280	194	355	9.17	2.23	274	32.5	2.03
24c	240	82	11.0	12.0	12.0	6.0	43.81	34.4	0.760	3510	213	388	8.96	2.21	293	34.4	2.00
25a	250	78	7.0	12.0	12.0	6.0	34.91	27.4	0.722	3370	176	322	9.82	2.24	270	30.6	2.07
25b	250	80	9.0	12.0	12.0	6.0	39.91	31.3	0.776	3530	196	353	9.41	2.22	282	32.7	1.98
25c	250	82	11.0	12.0	12.0	6.0	44.91	35.3	0.780	3690	218	384	9.07	2.21	295	35.9	1.92

型号	h	b	d	t	r	r_1	截面面积/cm²	理论重量/(kg/m)	外表面积/(m²/m)	I_x/cm⁴	I_y/cm⁴	I_{y1}/cm⁴	i_x/cm	i_y/cm	W_x/cm³	W_y/cm³	Z_0/cm
27a	270	82	7.5	12.5	12.5	6.2	39.27	30.8	0.826	4360	216	393	10.5	2.34	323	35.5	2.13
27b	270	84	9.5	12.5	12.5	6.2	44.67	35.1	0.830	4690	239	428	10.3	2.31	347	37.7	2.06
27c	270	86	11.5	12.5	12.5	6.2	50.07	39.3	0.834	5020	261	467	10.1	2.28	372	39.8	2.03
28a	280	82	7.5	12.5	12.5	6.2	40.02	31.4	0.846	4760	218	388	10.9	2.33	340	35.7	2.10
28b	280	84	9.5	12.5	12.5	6.2	45.62	35.8	0.850	5130	242	428	10.6	2.30	366	37.9	2.02
28c	280	86	11.5	12.5	12.5	6.2	51.22	40.2	0.854	5500	268	463	10.4	2.29	393	40.3	1.95
30a	300	85	7.5	13.5	13.5	6.8	43.89	34.5	0.897	6050	260	467	11.7	2.43	403	41.1	2.17
30b	300	87	9.5	13.5	13.5	6.8	49.89	39.2	0.901	6500	289	515	11.4	2.41	433	44.0	2.13
30c	300	89	11.5	13.5	13.5	6.8	55.89	43.9	0.905	6950	316	560	11.2	2.38	463	46.4	2.09
32a	320	88	8.0	14.0	14.0	7.0	48.50	38.1	0.947	7600	305	552	12.5	2.50	475	46.5	2.24
32b	320	90	10.0	14.0	14.0	7.0	54.90	43.1	0.951	8140	336	593	12.2	2.47	509	47.2	2.16
32c	320	92	12.0	14.0	14.0	7.0	61.30	48.1	0.955	8690	374	643	11.9	2.47	543	52.6	2.09
36a	360	96	9.0	16.0	16.0	8.0	60.89	47.8	1.053	11900	455	818	14.0	2.73	660	63.5	2.44
36b	360	98	11.0	16.0	16.0	8.0	68.09	53.5	1.057	12700	497	880	13.6	2.70	703	68.9	2.37
36c	360	100	13.0	16.0	16.0	8.0	75.29	59.1	1.061	13400	536	948	13.4	2.67	746	70.0	2.34
40a	400	100	10.5	18.0	18.0	9.0	75.04	58.9	1.144	17600	592	1070	15.3	2.81	879	78.8	2.49
40b	400	102	12.5	18.0	18.0	9.0	83.04	65.2	1.148	18600	640	1140	15.0	2.78	932	82.5	2.44
40c	400	104	14.5	18.0	18.0	9.0	91.04	71.5	1.152	19700	688	1220	14.7	2.75	986	86.2	2.42

注：表中 r、r_1 的数据用于孔型设计，不做交货条件。

附录 C　热轧等边角钢规格表

- b ——边宽度
- d ——边厚度
- r ——内圆弧半径
- r_1 ——边端圆弧半径
- Z_0 ——重心距离

- I ——惯性矩
- i ——惯性半径
- W ——截面模数

等边角钢截面尺寸、截面面积、理论重量及截面特性

型号	截面尺寸/mm			截面面积/cm²	理论重量/(kg/m)	外表面积/(m²/m)	惯性矩/cm⁴				惯性半径/cm			截面模数/cm³			重心距离/cm
	b	d	r				I_x	I_{x1}	I_{x0}	I_{y0}	i_x	i_{x0}	i_{y0}	W_x	W_{x0}	W_{y0}	Z_0
2	20	3	3.5	1.132	0.89	0.078	0.40	0.81	0.63	0.17	0.59	0.75	0.39	0.29	0.45	0.20	0.60
	20	4		1.459	1.15	0.077	0.50	1.09	0.78	0.22	0.58	0.73	0.38	0.36	0.55	0.24	0.64
2.5	25	3		1.432	1.12	0.098	0.82	1.57	1.29	0.34	0.76	0.95	0.49	0.46	0.73	0.33	0.73
	25	4		1.859	1.46	0.097	1.03	2.11	1.62	0.43	0.74	0.93	0.48	0.59	0.92	0.40	0.76
3.0	30	3		1.749	1.37	0.117	1.46	2.71	2.31	0.61	0.91	1.15	0.59	0.68	1.09	0.51	0.85
	30	4	4.5	2.276	1.79	0.117	1.84	3.63	2.92	0.77	0.90	1.13	0.58	0.87	1.37	0.62	0.89
3.6	36	3		2.109	1.66	0.141	2.58	4.68	4.09	1.07	1.11	1.39	0.71	0.99	1.61	0.76	1.00
	36	4		2.756	2.16	0.141	3.29	6.25	5.22	1.37	1.09	1.38	0.70	1.28	2.05	0.93	1.04
	36	5		3.382	2.65	0.141	3.95	7.84	6.24	1.65	1.08	1.36	0.7	1.56	2.45	1.00	1.07

4	40	3		2.359	1.85	0.157	3.59	6.41	5.69	1.49	1.23	1.55	0.79	1.23	2.01	0.96	1.09
		4		3.086	2.42	0.157	4.60	8.56	7.29	1.91	1.22	1.54	0.79	1.60	2.58	.19	1.13
		5		3.792	2.98	0.156	5.53	10.7	8.76	2.30	1.21	1.52	0.78	1.96	3.0	.39	1.17
4.5	45	3	5	2.659	2.09	0.177	5.17	9.12	8.20	2.14	1.40	1.76	0.89	1.58	2.58	.24	1.22
		4		3.486	2.74	0.177	6.65	12.2	10.6	2.75	1.38	1.74	0.89	2.05	3.52	1.54	1.26
		5		4.292	3.37	0.176	8.04	15.2	12.7	3.33	1.37	1.72	0.88	2.51	4.00	1.81	1.30
		6		5.077	3.99	0.176	9.33	18.4	14.8	3.89	1.36	1.70	0.80	2.95	4.64	2.06	1.33
5	50	3	5.5	2.971	2.33	0.197	7.18	12.5	11.4	2.98	1.55	1.96	1.00	1.96	3.22	1.57	1.34
		4		3.897	3.06	0.197	9.26	16.7	14.7	3.82	1.54	1.94	0.99	2.56	4.16	1.96	1.38
		5		4.803	3.77	0.196	11.2	20.9	17.8	4.64	1.53	1.92	0.98	3.13	5.03	2.31	1.42
		6		5.688	4.46	0.196	13.1	25.1	20.7	5.42	1.52	1.91	0.98	3.68	5.85	2.63	1.46
5.6	56	3	6	3.343	2.62	0.221	10.2	17.6	16.1	4.24	1.75	2.20	1.13	2.48	4.03	2.02	1.48
		4		4.39	3.45	0.220	13.2	23.4	20.9	5.46	1.73	2.18	1.11	3.24	5.28	2.52	1.53
		5		5.415	4.25	0.220	16.0	29.3	25.4	6.61	1.72	2.17	1.10	3.97	6.42	2.98	1.57
		6		6.42	5.04	0.220	18.7	35.3	29.7	7.73	1.71	2.15	1.10	4.68	7.43	3.40	1.61
		7		7.404	5.81	0.219	21.2	41.2	33.6	8.82	1.69	2.13	1.09	5.36	8.43	3.80	1.64
		8		8.367	6.57	0.219	23.6	47.2	37.4	9.89	1.68	2.11	1.09	6.03	9.44	4.16	1.68
6	60	5	6.5	5.829	4.58	0.236	19.9	36.1	31.6	8.21	1.85	2.33	1.19	4.59	7.44	3.48	1.67
		6		6.914	5.43	0.235	23.4	43.3	36.9	9.60	1.83	2.31	1.18	5.41	8.70	3.98	1.70
		7		7.977	6.26	0.235	26.4	50.7	41.9	11.0	1.82	2.29	1.17	6.21	9.81	4.45	1.74
		8		9.02	7.08	0.235	29.5	58.0	46.7	12.3	1.81	2.27	1.17	6.98	11.0	4.88	1.78

（续）

型号	截面尺寸/mm			截面面积/cm²	理论重量/(kg/m)	外表面积/(m²/m)	惯性矩/cm⁴				惯性半径/cm			截面模数/cm³			重心距离/cm
	b	d	r				I_x	I_{x1}	I_{x0}	I_{y0}	i_x	i_{x0}	i_{y0}	W_x	W_{x0}	W_{y0}	Z_0
6.3	63	4	7	4.978	3.91	0.248	19.0	33.4	30.2	7.89	1.96	2.46	1.26	4.13	6.78	3.29	1.70
		5		6.143	4.82	0.248	23.2	41.7	36.8	9.57	1.94	2.45	1.25	5.08	8.25	3.90	1.74
		6		7.288	5.72	0.247	27.1	50.1	43.0	11.2	1.93	2.43	1.24	6.00	9.66	4.46	1.78
		7		8.412	6.60	0.247	30.9	58.6	49.0	12.8	1.92	2.41	1.23	6.88	11.0	4.98	1.82
		8		9.515	7.47	0.247	34.5	67.1	54.6	14.3	1.90	2.40	1.23	7.75	12.3	5.47	1.85
		10		11.66	9.15	0.246	41.1	84.3	64.9	17.3	1.88	2.36	1.22	9.39	14.6	6.36	1.93
7	70	4	8	5.570	4.37	0.275	26.4	45.7	41.8	11.0	2.18	2.74	1.40	5.14	8.44	4.17	1.86
		5		6.876	5.40	0.275	32.2	57.2	51.1	13.3	2.16	2.73	1.39	6.32	10.3	4.95	1.91
		6		8.160	6.41	0.275	37.8	68.7	59.9	15.6	2.15	2.71	1.38	7.48	12.1	5.57	1.95
		7		9.424	7.40	0.275	43.1	80.3	68.4	17.8	2.14	2.69	1.38	8.59	13.8	6.34	1.99
		8		10.67	8.37	0.274	48.2	91.9	76.4	20.0	2.12	2.68	1.37	9.68	15.4	6.98	2.03
7.5	75	5	9	7.412	5.82	0.295	40.0	70.6	63.3	16.6	2.33	2.92	1.50	7.32	11.9	5.77	2.04
		6		8.797	6.91	0.294	47.0	84.6	74.4	19.5	2.31	2.90	1.49	8.64	14.0	6.57	2.07
		7		10.16	7.98	0.294	53.6	98.7	85.0	22.2	2.30	2.89	1.48	9.93	16.0	7.44	2.11
		8		11.50	9.03	0.294	60.0	113	95.1	24.9	2.28	2.88	1.47	11.2	17.9	8.19	2.15
		9		12.83	10.1	0.294	66.1	127	105	27.5	2.27	2.86	1.46	12.4	19.8	8.89	2.18
		10		14.13	11.1	0.293	72.0	142	114	30.1	2.26	2.84	1.46	13.6	21.5	9.56	2.22
8	80	5	9	7.912	6.21	0.315	48.8	85.4	77.3	20.3	2.48	3.13	1.60	8.34	13.7	6.66	2.15
		6		9.397	7.38	0.314	57.4	103	91.0	23.7	2.47	3.11	1.59	9.87	16.1	7.65	2.19
		7		10.86	8.53	0.314	65.6	120	104	27.1	2.46	3.10	1.58	11.4	18.4	8.58	2.23
		8		12.30	9.66	0.314	73.5	137	117	30.4	2.44	3.08	1.57	12.8	20.6	9.46	2.27
		9		13.73	10.8	0.314	81.1	154	129	33.6	2.43	3.06	1.56	14.3	22.7	10.3	2.31
		10		15.13	11.9	0.313	88.4	172	140	36.8	2.42	3.04	1.56	15.6	24.8	11.1	2.35

型号	b	d	r													
9	90	6		10.64	8.35	0.354	82.8	146	131	34.3	2.79	3.51	1.80	12.6	20.6	3.95	2.44
		7		12.30	9.66	0.354	94.8	170	150	39.2	2.78	3.50	1.78	14.5	23.6	11.2	2.48
		8		13.94	10.9	0.353	106	195	169	44.0	2.76	3.48	1.78	16.4	26.6	12.4	2.52
		9		15.57	12.2	0.353	118	219	187	48.7	2.75	3.46	1.77	18.3	29.4	13.5	2.56
		10		17.17	13.5	0.353	129	244	204	53.3	2.74	3.45	1.76	20.1	32.0	4.5	2.59
		12		20.31	15.9	0.352	149	294	236	62.2	2.71	3.41	1.75	23.6	37.1	6.5	2.67
10	100	6	10	11.93	9.37	0.393	115	200	182	47.9	3.10	3.90	2.00	15.7	25.7	2.7	2.67
		7		13.80	10.8	0.393	132	234	209	54.7	3.09	3.89	1.99	18.1	29.6	4.3	2.71
		8		15.64	12.3	0.393	148	267	235	61.4	3.08	3.88	1.98	20.5	33.2	15.8	2.76
		9		17.46	13.7	0.392	164	300	260	68.0	3.07	3.86	1.97	22.8	36.8	17.2	2.80
		10		19.26	15.1	0.392	180	334	285	74.4	3.05	3.84	1.96	25.1	40.3	18.5	2.84
		12		22.80	17.9	0.391	209	402	331	86.8	3.03	3.81	1.95	29.5	46.8	21.1	2.91
		14		26.26	20.6	0.391	237	471	374	99.0	3.00	3.77	1.94	33.7	52.9	23.4	2.99
		16		29.63	23.3	0.390	263	540	414	111	2.98	3.74	1.94	37.8	58.6	25.6	3.06
11	110	7	12	15.20	11.9	0.433	177	311	281	73.4	3.41	4.30	2.20	22.1	36.1	17.5	2.96
		8		17.24	13.5	0.433	199	355	316	82.4	3.40	4.28	2.19	25.0	40.7	13.4	3.01
		10		21.26	16.7	0.432	242	445	384	100	3.38	4.25	2.17	30.6	49.4	22.9	3.09
		12		25.20	19.8	0.431	283	535	448	117	3.35	4.22	2.15	36.1	57.5	25.2	3.16
		14		29.06	22.8	0.431	321	625	508	133	3.32	4.18	2.14	41.3	65.3	23.1	3.24
12.5	125	8	14	19.76	15.5	0.492	297	521	471	123	3.88	4.88	2.50	32.5	53.3	23.9	3.37
		10		24.37	19.1	0.491	362	652	574	149	3.85	4.85	2.48	40.0	64.7	30.6	3.45
		12		28.91	22.7	0.491	423	783	671	175	3.83	4.82	2.46	41.2	76.0	35.0	3.53
		14		33.37	26.2	0.490	482	916	764	200	3.80	4.78	2.45	54.2	86.4	39.1	3.61
		16		37.74	29.6	0.489	537	1050	851	224	3.77	4.75	2.43	60.9	96.3	45.0	3.68

（续）

型号	截面尺寸/mm b	d	r	截面面积 /cm²	理论重量 /(kg/m)	外表面积 /(m²/m)	惯性矩/cm⁴ I_x	I_{x1}	I_{x0}	I_{y0}	惯性半径/cm i_x	i_{x0}	i_{y0}	截面模数/cm³ W_x	W_{x0}	W_{y0}	重心距离/cm Z_0
14	140	10	14	27.37	21.5	0.551	515	915	817	212	4.34	5.46	2.78	50.6	82.6	39.2	3.82
		12		32.51	25.5	0.551	604	1100	959	249	4.31	5.43	2.76	59.8	96.9	45.0	3.90
		14		37.57	29.5	0.550	689	1280	1090	284	4.28	5.40	2.75	68.8	110	50.5	3.98
		16		42.54	33.4	0.549	770	1470	1220	319	4.26	5.36	2.74	77.5	123	55.6	4.06
15	150	8	14	23.75	18.6	0.592	521	900	827	215	4.69	5.90	3.01	47.4	78.0	38.1	3.99
		10		29.37	23.1	0.591	638	1130	1010	262	4.66	5.87	2.99	58.4	95.5	45.5	4.08
		12		34.91	27.4	0.591	749	1350	1190	308	4.63	5.84	2.97	69.0	112	52.4	4.15
		14		40.37	31.7	0.590	856	1580	1360	352	4.60	5.80	2.95	79.5	128	58.8	4.23
		15		43.06	33.8	0.590	907	1690	1440	374	4.59	5.78	2.95	84.6	136	61.9	4.27
		16		45.74	35.9	0.589	958	1810	1520	395	4.58	5.77	2.94	89.6	143	66.9	4.31
16	160	10	16	31.50	24.7	0.630	780	1370	1240	322	4.98	6.27	3.20	66.7	109	52.8	4.31
		12		37.44	29.4	0.630	917	1640	1460	377	4.95	6.24	3.18	79.0	129	60.7	4.39
		14		43.30	34.0	0.629	1050	1910	1670	432	4.92	6.20	3.16	91.0	147	66.2	4.47
		16		49.07	38.5	0.629	1180	2190	1870	485	4.89	6.17	3.14	103	165	73.3	4.55
18	180	12	16	42.24	33.2	0.710	1320	2330	2100	543	5.59	7.05	3.58	101	165	73.4	4.89
		14		48.90	38.4	0.709	1510	2720	2410	622	5.56	7.02	3.56	116	189	83.4	4.97
		16		55.47	43.5	0.709	1700	3120	2700	699	5.54	6.98	3.55	131	212	97.8	5.05
		18		61.06	48.6	0.708	1880	3500	2990	762	5.50	6.94	3.51	146	235	105	5.13

20	200	14	18	54.64	42.9	0.788	2100	3730	3340	864	6.20	7.82	3.98	145	216	112	5.46
		16		62.01	48.7	0.788	2370	4270	3760	971	6.18	7.79	3.96	164	245	124	5.54
		18		69.30	54.4	0.787	2620	4810	4160	1080	6.15	7.75	3.94	182	254	136	5.62
		20		76.51	60.1	0.787	2870	5350	4550	1180	6.12	7.72	3.93	200	322	147	5.69
		24		90.66	71.2	0.785	3340	6460	5290	1380	6.07	7.64	3.90	236	374	167	5.87
22	220	16	21	68.67	53.0	0.866	3190	5680	5060	1310	6.81	8.59	4.37	200	325	154	6.03
		18		76.75	60.3	0.866	3540	6400	5620	1450	6.79	8.55	4.35	223	362	168	6.11
		20		84.76	66.6	0.865	3870	7110	6150	1590	6.76	8.52	4.34	245	395	182	6.18
		22		92.68	72.8	0.865	4200	7830	6670	1730	6.73	8.48	4.32	266	423	195	6.26
		24		100.5	78.9	0.864	4520	8550	7170	1870	6.71	8.45	4.31	289	46	208	6.33
		26		108.3	85.0	0.864	4830	9280	7690	2000	6.68	8.41	4.30	310	49	221	6.41
25	250	18	24	87.84	69.0	0.985	5270	9380	8370	2170	7.75	9.76	4.97	290	47	224	6.84
		20		97.05	76.2	0.984	5780	10400	9180	2380	7.72	9.73	4.95	320	51	243	6.92
		22		106.2	82.3	0.983	6880	11500	9970	2580	7.69	9.69	4.93	349	56	261	7.00
		24		115.2	90.4	0.983	6770	12500	10700	2700	7.67	9.66	4.92	378	608	278	7.07
		26		124.2	97.5	0.982	7240	13600	11500	2980	7.64	9.62	4.90	406	650	295	7.15
		28		133.0	104	0.982	7700	14600	12200	3180	7.61	9.58	4.89	433	691	311	7.22
		30		141.8	111	0.981	8160	15700	12900	3380	7.58	9.55	4.88	461	731	327	7.30
		32		150.5	118	0.981	8600	16800	13600	3570	7.56	9.51	4.87	488	770	342	7.37
		35		163.4	128	0.980	9240	18400	14600	3850	7.52	9.46	4.86	527	827	354	7.48

注：截面图中的 $r_1 \approx 1/3d$ 及表中 r 的数据用于孔型设计，不做交货条件。

附录 D 热轧不等边角钢规格表

B——长边宽度
b——短边宽度
d——边厚度
r——内圆弧半径
r1——边端圆弧半径
X0——重心距离
Y0——重心距离

I——惯性矩
i——惯性半径
W——截面模数

不等边角钢截面尺寸、截面面积、理论重量及截面特性

型号	截面尺寸/mm				截面面积 /cm²	理论重量 /(kg/m)	外表面积 /(m²/m)	惯性矩/cm⁴					惯性半径/cm			截面模数/cm³			tanα	重心距离 /cm	
	B	b	d	r				I_x	I_{x1}	I_y	I_{y1}	I_u	i_x	i_y	i_u	W_x	W_y	W_u		X_0	Y_0
2.5/1.6	25	16	3	3.5	1.162	0.91	0.080	0.70	1.56	0.22	0.43	0.14	0.78	0.44	0.34	0.43	0.19	0.16	0.392	0.42	0.86
			4		1.499	1.18	0.079	0.88	2.09	0.27	0.59	0.17	0.77	0.43	0.34	0.55	0.24	0.20	0.381	0.46	0.90
3.2/2	32	20	3	3.5	1.492	1.17	0.102	1.53	3.27	0.46	0.82	0.28	1.01	0.55	0.43	0.72	0.30	0.25	0.382	0.49	1.08
			4		1.939	1.52	0.101	1.93	4.37	0.57	1.12	0.35	1.00	0.54	0.42	0.93	0.39	0.32	0.374	0.53	1.12
4/2.5	40	25	3	4	1.890	1.48	0.127	3.08	5.39	0.93	1.59	0.56	1.28	0.70	0.54	1.15	0.49	0.40	0.385	0.59	1.32
			4		2.467	1.94	0.127	3.93	8.53	1.18	2.14	0.71	1.36	0.69	0.54	1.49	0.63	0.52	0.381	0.63	1.37
4.5/2.8	45	28	3	5	2.149	1.69	0.143	4.45	9.10	1.34	2.23	0.80	1.44	0.79	0.61	1.47	0.62	0.51	0.383	0.64	1.47
			4		2.806	2.20	0.143	5.69	12.1	1.70	3.00	1.02	1.42	0.78	0.60	1.91	0.80	0.66	0.380	0.68	1.51
5/3.2	50	32	3	5.5	2.431	1.91	0.161	6.24	12.5	2.02	3.31	1.20	1.60	0.91	0.70	1.84	0.82	0.68	0.404	0.73	1.60
			4		3.177	2.49	0.160	8.02	16.7	2.58	4.45	1.53	1.59	0.90	0.69	2.39	1.06	0.87	0.402	0.77	1.65
5.6/3.6	56	36	3	6	2.743	2.15	0.181	8.88	17.5	2.92	4.7	1.73	1.80	1.03	0.79	2.32	1.05	0.87	0.408	0.80	1.78
			4		3.590	2.82	0.180	11.5	23.4	3.76	6.33	2.23	1.79	1.02	0.79	3.03	1.37	1.13	0.408	0.85	1.82
			5		4.415	3.47	0.180	13.9	29.3	4.49	7.94	2.67	1.77	1.01	0.78	3.71	1.65	1.36	0.404	0.88	1.87

型号	b	B	d	4.058	3.19	0.202	16.5	33.3	5.23	8.63	3.12	2.02	1.14	0.88	3.87	1.70	1.·0	0.398	0.92	2.04
6.3/4	63	40	4	4.058	3.19	0.202	16.5	33.3	5.23	8.63	3.12	2.02	1.14	0.88	3.87	1.70	1.·0	0.398	0.92	2.04
			5	4.993	3.92	0.202	20.0	41.6	6.31	10.9	3.76	2.00	1.12	0.87	4.74	2.07	1.·1	0.396	0.95	2.08
			6	5.908	4.64	0.201	23.4	50.0	7.29	13.1	4.34	1.96	1.11	0.86	5.59	2.43	1.·9	0.393	0.99	2.12
			7	6.802	5.34	0.201	26.5	58.1	8.24	15.5	4.97	1.98	1.10	0.86	6.40	2.78	2.·9	0.389	1.03	2.15
7/4.5	70	45	4	4.553	3.57	0.226	23.2	45.9	7.55	12.3	4.40	2.26	1.29	0.98	4.86	2.17	1.·7	0.410	1.02	2.24
			5	5.609	4.40	0.225	28.0	57.1	9.13	15.4	5.40	2.23	1.28	0.98	5.92	2.65	2.·9	0.407	1.06	2.28
			6	6.644	5.22	0.225	32.5	68.4	10.6	18.6	6.35	2.21	1.26	0.98	6.95	3.12	2.·9	0.404	1.09	2.32
			7	7.658	6.01	0.225	37.2	80.0	12.0	21.8	7.16	2.20	1.25	0.97	8.03	3.57	2.·4	0.402	1.13	2.36
7.5/5	75	50	5	6.126	4.81	0.245	34.9	70.0	12.6	21.0	7.41	2.39	1.44	1.10	6.83	3.3	2.·4	0.435	1.17	2.40
			6	7.260	5.70	0.245	41.1	84.3	14.7	25.4	8.54	2.38	1.42	1.08	8.12	3.88	3.·9	0.435	1.21	2.44
			8	9.467	7.43	0.244	52.4	113	18.5	34.2	10.9	2.35	1.40	1.07	10.5	4.99	4.·0	0.429	1.29	2.52
			10	11.59	9.10	0.244	62.7	141	22.0	43.4	13.1	2.33	1.38	1.06	12.8	6.04	4.·9	0.423	1.36	2.60
8/5	80	50	5	6.376	5.00	0.255	42.0	85.2	12.8	21.1	7.66	2.56	1.42	1.10	7.78	3.32	2.·4	0.388	1.14	2.60
			6	7.560	5.93	0.255	49.5	103	15.0	25.4	8.85	2.56	1.41	1.08	9.25	3.91	3.·0	0.387	1.18	2.65
			7	8.724	6.85	0.255	56.2	119	17.0	29.8	10.2	2.54	1.39	1.08	10.6	4.48	3.·0	0.384	1.21	2.69
			8	9.867	7.75	0.254	62.8	136	18.9	34.3	11.4	2.52	1.38	1.07	11.9	5.03	4.·6	0.381	1.25	2.73
9/5.6	90	56	5	7.212	5.66	0.287	60.5	121	18.3	29.5	11.0	2.90	1.59	1.23	9.92	4.21	3.·9	0.385	1.25	2.91
			6	8.557	6.72	0.286	71.0	146	21.4	35.6	12.9	2.88	1.58	1.23	11.7	4.96	4.·3	0.384	1.29	2.95
			7	9.881	7.76	0.286	81.0	170	24.4	41.7	14.7	2.86	1.57	1.22	13.5	5.70	4.·2	0.382	1.33	3.00
			8	11.18	8.78	0.286	91.0	194	27.2	47.9	16.3	2.85	1.56	1.21	15.3	6.41	5.·9	0.380	1.36	3.04

（续）

型号	B	b	d	r	截面面积/cm²	理论重量/(kg/m)	外表面积/(m²/m)	I_x	I_{x1}	I_y	I_{y1}	I_u	i_x	i_y	i_u	W_x	W_y	W_u	$\tan\alpha$	X_0	Y_0
10/6.3	100	63	6	10	9.618	7.55	0.320	99.1	200	30.9	60.5	18.4	3.21	1.79	1.38	14.6	6.35	5.25	0.394	1.43	3.24
			7		11.11	8.72	0.320	113	233	35.3	59.1	21.0	3.20	1.78	1.38	16.9	7.29	6.02	0.394	1.47	3.28
			8		12.58	9.88	0.319	127	266	39.4	67.9	23.5	3.18	1.77	1.37	19.1	8.21	6.78	0.391	1.50	3.32
			10		15.47	12.1	0.319	154	333	47.1	85.7	28.3	3.15	1.74	1.35	23.3	9.98	8.24	0.387	1.58	3.40
10/8	100	80	6	10	10.64	8.35	0.354	107	200	61.2	108	31.7	3.17	2.40	1.72	15.2	10.2	8.37	0.627	1.97	2.95
			7		12.30	9.66	0.354	123	233	70.1	120	36.2	3.16	2.39	1.72	17.5	11.7	9.60	0.626	2.01	3.00
			8		13.94	10.9	0.353	138	267	78.6	137	40.6	3.14	2.37	1.71	19.8	13.2	10.8	0.625	2.05	3.04
			10		17.17	13.5	0.353	167	334	94.7	172	49.1	3.12	2.35	1.69	24.2	16.1	13.1	0.622	2.13	3.12
11/7	110	70	6	10	10.64	8.35	0.354	133	266	42.9	69.1	25.4	3.54	2.01	1.54	17.9	7.90	6.53	0.403	1.57	3.53
			7		12.30	9.66	0.354	153	310	49.0	80.8	29.0	3.53	2.00	1.53	20.6	9.09	7.50	0.402	1.61	3.57
			8		13.94	10.9	0.353	172	354	54.9	92.7	32.5	3.51	1.98	1.53	23.3	10.3	8.45	0.401	1.65	3.62
			10		17.17	13.5	0.353	208	443	65.9	117	39.2	3.48	1.96	1.51	28.5	12.5	10.3	0.397	1.72	3.70
12.5/8	125	80	7	11	14.10	11.1	0.403	228	455	74.4	120	43.8	4.02	2.30	1.76	26.9	12.0	9.92	0.408	1.80	4.01
			8		15.99	12.6	0.403	257	520	83.5	138	49.2	4.01	2.28	1.75	30.4	13.6	11.2	0.407	1.84	4.06
			10		19.71	15.5	0.402	312	650	101	173	59.5	3.98	2.26	1.74	37.3	16.6	13.6	0.404	1.92	4.14
			12		23.35	18.3	0.402	364	780	117	210	69.4	3.95	2.24	1.72	44.0	19.4	16.0	0.400	2.00	4.22
14/9	140	90	8	12	18.04	14.2	0.453	366	731	121	196	70.8	4.50	2.59	1.98	38.5	17.3	14.3	0.411	2.04	4.50
			10		22.26	17.5	0.452	446	913	140	246	85.8	4.47	2.56	1.96	47.3	21.2	17.5	0.409	2.12	4.58
			12		26.40	20.7	0.451	522	1100	170	297	100	4.44	2.54	1.95	55.9	25.0	20.5	0.406	2.19	4.66
			14		30.46	23.9	0.451	594	1280	192	349	114	4.42	2.51	1.94	64.2	28.5	23.5	0.405	2.27	4.74

型号	b	b_1	d	r	截面面积	理论重量	外表面积													
15/9	150	90	8	12	18.84	14.8	0.473	442	898	123	196	74.1	4.84	2.55	1.98	43.9	17.5	14.5	0.364	1.97	4.92
			10		23.26	18.3	0.472	539	1120	149	246	89.9	4.81	2.53	1.97	54.0	21.4	17.7	0.362	2.05	5.01
			12		27.60	21.7	0.471	632	1350	173	297	105	4.79	2.50	1.95	63.8	25.1	20.8	0.359	2.12	5.09
			14		31.86	25.0	0.471	721	1570	196	350	120	4.76	2.48	1.94	73.3	28.8	23.8	0.356	2.20	5.17
			15		33.95	26.7	0.471	764	1680	207	376	127	4.74	2.47	1.93	78.0	30.5	25.3	0.354	2.24	5.21
			16		36.03	28.3	0.470	806	1800	217	403	134	4.73	2.45	1.93	82.6	32.3	26.8	0.352	2.27	5.25
16/10	160	100	10	13	25.32	19.9	0.512	669	1360	205	337	122	5.14	2.85	2.19	62.1	26.6	21.5	0.390	2.28	5.24
			12		30.05	23.6	0.511	785	1640	239	406	142	5.11	2.82	2.17	73.5	31.3	25.8	0.388	2.36	5.32
			14		34.71	27.2	0.510	896	1910	271	476	162	5.08	2.80	2.16	84.6	35.8	29.1	0.385	2.43	5.40
			16		39.28	30.8	0.510	1000	2180	302	548	183	5.05	2.77	2.16	95.3	40.2	33.—	0.382	2.51	5.48
18/11	180	110	10	14	28.37	22.3	0.571	956	1940	278	447	167	5.80	3.13	2.42	79.0	32.5	26.3	0.376	2.44	5.89
			12		33.71	26.5	0.571	1120	2330	325	539	195	5.78	3.10	2.40	93.5	38.3	31.7	0.374	2.52	5.98
			14		38.97	30.6	0.570	1290	2720	370	632	222	5.75	3.08	2.39	108	44.0	36.3	0.372	2.59	6.06
			16		44.14	34.6	0.569	1440	3110	412	726	249	5.72	3.06	2.38	122	49.4	40.9	0.369	2.67	6.14
20/12.5	200	125	12	14	37.91	29.8	0.641	1570	3190	483	788	286	6.44	3.57	2.74	117	50.0	41.2	0.392	2.83	6.54
			14		43.87	34.4	0.640	1800	3730	551	922	327	6.41	3.54	2.73	135	57.4	47.3	0.390	2.91	6.62
			16		49.74	39.0	0.639	2020	4260	615	1060	366	6.38	3.52	2.71	152	64.9	53.3	0.388	2.99	6.70
			18		55.53	43.6	0.639	2240	4790	677	1200	405	6.35	3.49	2.70	169	71.7	58.2	0.385	3.06	6.78

注：截面图中的 $r_1 = 1/3d$ 及表中 r 的数据用于孔型设计，不做交货条件。

参 考 文 献

［1］ 晋英锋，苏采斤. 工程力学［M］. 北京：北京大学出版社，2013.

［2］ 李俊峰，张雄. 理论力学［M］. 2版. 北京：清华大学出版社，2010.

［3］ 赵诒枢，尹长城，沈勇. 理论力学辅导与习题解答［M］. 武汉：华中科技大学出版社，2008.

［4］ 鞠国兴. 理论力学学习指导与习题解析：理科用［M］. 北京：科学出版社，2011.

［5］ 赵诒枢，尹长城. 工程力学辅导与习题详解［M］. 武汉：华中科技大学出版社，2009.

［6］ 陈永久. 工程力学［M］. 武汉：武汉大学出版社，2010.

［7］ 程靳. 理论力学［M］. 北京：高等教育出版社，2009.

［8］ 刘鸿文. 材料力学（Ⅰ）［M］. 北京：高等教育出版社，2010.

［9］ 严丽，孙永红. 工程力学［M］. 北京：北京理工大学出版社，2012.

［10］ 尹楠. 工程力学［M］. 长沙：国防科技大学出版社，2008.